"1+X"职业技能证书培训教材
2019年江苏省高等学校重点教材
高等职业院校精品教材系列

传感网应用开发技术

主　编　周　波　聂佰玲
副主编　吴珊珊　顾振飞
主　审　方健华

電子工業出版社
Publishing House of Electronics Industry
北京·BEIJING

内 容 简 介

本书按照企业对物联网技术应用开发者的能力要求，根据高等教育及职业教育改革精神，结合国家“1+X”证书体系建设需要，实施任务化教学设计。以C语言为程序开发工具，以CC2530单片机、ZigBee协议栈等为学习对象，设计了6章学习内容。本书综合项目均以中小型企业产品升级为背景，从产品测试、辅助开发工作岗位知识、技能需求出发，从点到为止的基础知识到逐步深入的无线通信、基于协议栈开发安排章节内容。层层递进的达标式教学将使学生在学习中初步体会工作的乐趣，激发内在的学习驱动力。

本书为本专科院校物联网应用技术、电子信息工程技术、应用电子技术、自动控制技术等专业相应课程的教材，也可作为开放大学、成人教育、自学考试、中职学校和培训班的教材，以及工程技术人员的参考书。

本教材配有免费的电子教学课件、练习题参考答案，详见前言。

图书在版编目（CIP）数据

传感网应用开发技术 / 周波，聂佰玲主编. —北京：电子工业出版社，2021.1
“1+X”职业技能证书培训教材
ISBN 978-7-121-37975-8

Ⅰ. ①传… Ⅱ. ①周… ②聂… Ⅲ. ①传感器－高等学校－教材 Ⅳ. ①TP212

中国版本图书馆CIP数据核字（2019）第255800号

责任编辑：陈健德　　文字编辑：张　京
印　　刷：北京天宇星印刷厂
装　　订：北京天宇星印刷厂
出版发行：电子工业出版社
　　　　　北京市海淀区万寿路173信箱　邮编 100036
开　　本：787×1 092　1/16　印张：8.75　字数：224千字
版　　次：2021年1月第1版
印　　次：2023年9月第4次印刷
定　　价：42.00元

凡所购买电子工业出版社图书有缺损问题，请向购买书店调换。若书店售缺，请与本社发行部联系，联系及邮购电话：（010）88254888，88258888。

质量投诉请发邮件至zlts@phei.com.cn，盗版侵权举报请发邮件至dbqq@phei.com.cn。

本书咨询联系方式：chenjd@phei.com.cn。

传感网与物联网是两个紧密相关的概念，二者均在 20 世纪 90 年代末期被提出。初时两个概念近乎等价，但随着物联网概念内涵逐渐丰富，传感网成了其庞大概念中的核心内容之一，专门研究信息采集、组网、传输等内容。传感网常用组网技术手段主要包含有线方案与无线方案两大类。有线方案包含以太网、各类总线等；无线方案则更加丰富，有 ZigBee、Z-Wave 等专门设计的无线传感网技术，也有 WiFi、Bluetooth 等传统通用无线通信技术，以及最新 NB-IOT、Lora 等窄带无线通信技术。这些方案为各类设备的入网提供了灵活的选择。

中国制造业向中高端迈进是当前正在发生的重大事件。这一事件的典型特征之一就是信息化、智能化技术手段在制造业的应用范围、层次都得到显著的扩大和提高。传感网技术作为这些技术手段的关键支撑获得了广泛关注。国内高职院校的电子、物联网、自动化等专业大多开设“传感网”课程，并设定为必修课。本书以中小型企业产品升级为背景，针对产品测试、技术支持、辅助开发工作岗位，从点到为止的基础知识逐步深入到点到点无线通信、协议栈通信等内容。同时，本书无线通信部分知识点完全覆盖“1+X”证书《传感网应用开发》（中级）内容，且在内容选择上注重体验性、实践性、应用性和新技术的融入。

全书共分为 6 章，各章主要内容如下：第 1 章为无线传感器网络概述；第 2 章为微型传感器的基本知识；第 3 章为传感网通信与组网技术；第 4 章为网络通信模式；第 5 章为模块级应用与二次开发；第 6 章为 OneNET 物联网公众平台。

本书的编写特点是：

（1）采用图文并茂的形式，达到简单明了的效果。

（2）以项目带教学。本书以工业无线遥控器这一企业真实产品为载体，将其开发测试过程贯穿于教材各有关章节，使教材具有连续性、完整性，知识脉络清晰，有利于学生对知识的理解、掌握和应用。

（3）知识覆盖面较广。

（4）通俗易懂，操作步骤叙述详尽，讲解由浅入深，循序渐进，既有基础知识又有高级应用。

（5）各模块按照讲、演、练、考的步骤组织，有助于阶段式达标教学。

（6）各章正文前配文为本章内容的教与学过程提供指导；每章结尾配有练习题，以便于读者拓展思维、检验学习成果。

本书由南京信息职业技术学院周波（第 1、2、6 章）和聂佰玲（第 3、4、5 章）担任主编，吴珊珊和顾振飞担任副主编，方健华主审。在本书编写过程中，南京世泽科技有限公司王修颖总工程师提供了大量企业案例与技术文档，在此表示感谢！

为了方便教师教学，本书配有电子教学课件和练习题参考答案等资源，请有此需要的教师登录华信教育资源网（www.hxedu.com.cn）免费注册后进行下载，有问题时请在网站留言板留言或与电子工业出版社联系（E-mail:hxedu@phei.com.cn）。

因传感网技术的快速发展，加之编者水平有限，书中难免存在不足和疏漏之处，希望同行专家和读者给予批评指正。

编　者

第 1 章　无线传感器网络概述 ………… (1)

1.1　发展历史 ………… (1)

1.2　技术特点、网络功能和应用相关性 ………… (2)

1.2.1　技术特点 ………… (2)

1.2.2　网络功能 ………… (4)

1.2.3　应用相关性 ………… (4)

1.3　网络结构 ………… (5)

1.4　协议栈 ………… (5)

1.5　应用范围 ………… (7)

1.6　未来展望 ………… (8)

练习题 1 ………… (8)

第 2 章　传感器的基本知识 ………… (9)

2.1　传感器的主要功能 ………… (9)

2.2　传感器的组成与特点 ………… (10)

2.3　传感器的技术参数 ………… (10)

2.4　传感器的分类 ………… (11)

2.4.1　开关量传感器 ………… (12)

2.4.2　数字量传感器 ………… (13)

2.4.3　模拟量传感器 ………… (17)

2.5　其他传感器 ………… (18)

练习题 2 ………… (19)

第 3 章　传感网通信与组网技术 ………… (20)

3.1　ZigBee 基础 ………… (20)

3.1.1　信道 ………… (20)

3.1.2　网络号 ………… (21)

3.1.3　网络设备类型 ………… (21)

3.1.4　拓扑结构 ………… (21)

3.2　开发环境 ………… (22)

3.2.1　CC2530 硬件平台 ………… (23)

3.2.2　下载仿真工具 ………… (24)

3.3　网络设备设置 ………… (26)

3.4　信道与网络名称设置 ………… (39)

3.5　组建星形网络 ………… (41)

3.5.1 设置信道 …… (42)
3.5.2 设置网络号 …… (44)
3.5.3 网内地址分配 …… (46)
3.5.4 设置拓扑结构 …… (46)
3.5.5 下载代码 …… (48)
3.5.6 结果验证 …… (49)
3.6 节点间通信 …… (50)
3.6.1 基于协议栈的点对点通信 …… (52)
3.6.2 通信项目实践 …… (55)
3.7 新增 ZigBee 任务 …… (60)
3.7.1 协议栈的工作流程 …… (60)
3.7.2 新增串口通信任务案例 …… (62)
练习题 3 …… (67)
第 4 章 网络通信模式 …… (68)
4.1 单播、多播与广播 …… (68)
4.2 广播实例 …… (71)
4.2.1 程序流程设计 …… (71)
4.2.2 实验步骤 …… (72)
4.3 多播实例 …… (77)
4.3.1 程序流程设计 …… (77)
4.3.2 实验步骤 …… (78)
练习题 4 …… (85)
第 5 章 模块级应用与二次开发 …… (86)
5.1 ZigBee 集成模块 …… (86)
5.2 DRF 系列模块开发环境 …… (88)
5.3 DRF 系列模块数据传输 …… (93)
5.3.1 DRF 系列模块特点 …… (93)
5.3.2 DRF 系列模块组网 …… (93)
5.3.3 DRF 系列模块数据传输 …… (95)
5.4 模块应用 …… (101)
练习题 5 …… (103)
第 6 章 OneNET 物联网公众平台 …… (104)
6.1 数据上传 …… (105)
6.1.1 在线调试 …… (105)
6.1.2 模拟上传数据 …… (107)
6.2 建立应用 …… (109)
6.3 WiFi 模块上传数据 …… (114)

6.3.1 AT 指令集 …… (114)
6.3.2 数据上传 OneNET 云平台 …… (122)
6.3.3 创建 EDP 产品和设备 …… (124)
6.3.4 修改 onenet.c 和 esp8266.c，重新编译程序和下载 …… (125)
6.3.5 创建应用 …… (127)
6.3.6 控制 LED 灯 …… (129)
练习题 6 …… (130)

第1章 无线传感器网络概述

无线传感器网络（Wireless Sensor Network，WSN）是由部署在监测区域内大量的廉价微型传感器节点，通过无线通信方式形成的一个多跳的自组织网络系统，其目的是协作地感知、采集和处理网络覆盖区域中被感知对象的信息，并将其发送给观察者。传感器、感知对象和观察者是无线传感器网络的三要素。

无线传感器网络是一种分布式传感器网络，它的末梢是可以感知和检查外部世界的传感器。WSN 中的传感器通过无线方式通信，因此网络设置灵活，设备位置可以随时更改，还可以与互联网进行有线或无线方式的连接。

WSN 的发展得益于微机电系统（Micro-Electro-Mechanism System，MEMS）、片上系统（System on Chip，SoC）、无线通信和低功耗嵌入式技术的飞速发展，现在广泛应用于军事、智能交通、环境监控、医疗卫生等多个领域。

1.1 发展历史

一般认为，传感器网络（简称传感网）的发展历程分为以下三个阶段：传感器→无线传感器→无线传感器网络（大量微型、低成本、低功耗的传感器节点组成的多跳无线网络）。

第一阶段：最早可以追溯至越战时期使用的传统的传感器系统。当年美越双方在密林覆盖的“胡志明小道”进行了一场血腥较量，“胡志明小道”是胡志明部队向南方游击队输送物资的秘密通道，美军对其进行了狂轰滥炸，但收效甚微。后来，美军投放了 2 万多个热带树传感器（见图 1-1）。热带树传感器由振动传感器和声响传感器组成，由飞机投放，落地后插入泥土中，只露出伪装成树枝的无线电天线，因而被称为“热带树”。只要对方车队经过，传感器就会探测到目标产生的振动和声响信息，并将信息自动发送到指挥中心。

第二阶段：20 世纪 80～90 年代。主要是美军研制的分布式传感器网络系统、海军协同交战能力系统、远程战场传感器系统等。这种现代微型传感器具备感知能力、计算能力和通信能力。因此在1999 年，《商业周刊》将传感网列为 21 世纪最具影响力的 21 项技术之一。

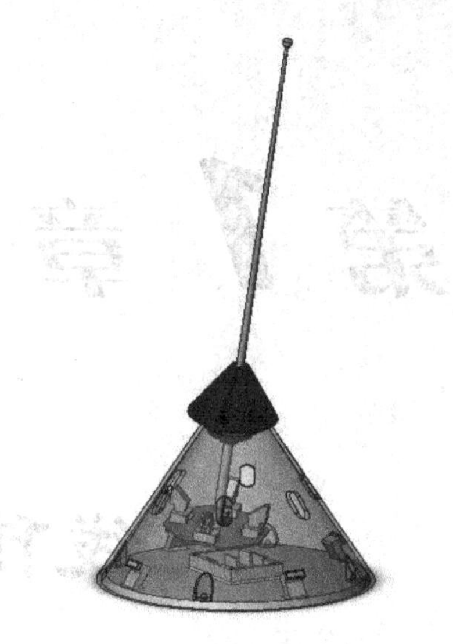

图 1-1　热带树传感器

第三阶段：21 世纪开始至今，也就是 9·11 事件之后。这一阶段的传感网的技术特点在于网络传输自组织、节点设计低功耗。除应用于反恐活动以外，在其他领域更是获得了广泛应用。2002 年美国国家重点实验室——橡树岭实验室提出了“网络就是传感器”的论断。

由于无线传感网在国际上被认为是继互联网之后的第二大网络，2003 年美国《技术评论》杂志评选出对人类未来生活产生深远影响的十大新兴技术，传感网位列第一。

在现代意义上的无线传感网研究及其应用方面，我国与发达国家几乎同步启动无线传感网，已成为我国信息领域位居世界前列的少数方向之一。在 2006 年我国发布的《国家中长期科学与技术发展规划纲要》中，为信息技术确定了三个前沿方向，其中有两项与传感网直接相关，就是智能感知技术和自组网技术。当然，传感网的发展也符合计算设备的演化规律。

1.2　技术特点、网络功能和应用相关性

1.2.1　技术特点

1. 大规模

为了获取精确信息，通常在监测区域部署大量传感器节点。传感器网络的大规模性包括两方面的含义：一方面，传感器节点分布在很大的地理区域内，如在原始森林采用传感器网络进行森林防火和环境监测，需要部署大量的传感器节点；另一方面，传感器节点部署得很密集，即在较小的空间内密集部署大量的传感器节点。

传感器网络的大规模性具有如下优点：通过不同空间视角获得的信息具有更大的性价比；分布式处理大量的采集信息能够提高监测的精确度，降低对单个节点传感器的精度要求；大量冗余节点的存在，使得系统具有很强的容错性能；大量节点能够增大覆盖的监测区域，减少洞穴或盲区。

2. 自组织

在传感器网络应用中，通常情况下传感器节点被放置在没有基础设施的地方，传感器节点的位置不能预先精确设定，节点之间的相互关系预先也不知道，如通过飞机播撒大量

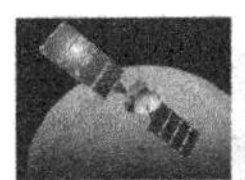  

传感器节点到面积广阔的原始森林中，或随意放置到人不可到达或危险的区域。这就要求传感器节点具有自组织能力，能够自动进行配置和管理，通过拓扑控制机制和网络协议自动形成转发监测数据的多跳无线网络系统。

在传感器网络使用过程中，部分传感器节点由于能量耗尽或环境因素造成失效，也有一些节点为了弥补失效节点、提高监测精度而补充到网络中，这样传感器网络中的节点个数就动态地增加或减少，从而使网络的拓扑结构随之动态地变化。传感器网络的自组织性要能够适应这种网络拓扑结构的动态变化。

3. 动态性

传感器网络的拓扑结构可能因为下列因素而改变：①环境因素或电能耗尽造成传感器节点故障或失效；②环境条件变化可能造成无线通信链路带宽变化，甚至时断时通；③传感器网络的传感器、感知对象和观察者这三要素都可能具有移动性；④新节点的加入。这就要求传感器网络要能够适应这种变化，具有动态性。

4. 可靠性

WSN 特别适合部署在恶劣环境或人类不宜到达的区域，节点可能工作在露天环境中，遭受日晒、风吹、雨淋，甚至遭到人或动物的破坏。传感器节点往往采用随机部署方式，如通过飞机撒播或发射炮弹到指定区域进行部署。这些都要求传感器节点非常坚固，不易损坏，适应各种恶劣环境。

由于监测区域环境的限制及传感器节点数目巨大，不可能人工“照顾”每个传感器节点，网络的维护十分困难甚至不可维护。传感器网络的通信保密性和安全性也十分重要，要防止监测数据被盗取或被伪造。因此，传感器网络的软/硬件必须具有鲁棒性和容错性。

5. 以数据为中心

先有计算机终端系统，然后互联成为网络，终端系统可以脱离网络独立存在。在互联网中，网络设备用网络中唯一的 IP 地址标识，资源定位和信息传输依赖于终端、路由器、服务器等网络设备的 IP 地址。如果想访问互联网中的资源，首先要知道存放资源的服务器的 IP 地址。可以说，现有的互联网是一个以地址为中心的网络。

传感器网络是任务型的网络，脱离传感器网络谈论传感器节点没有任何意义。传感器网络中的节点采用节点编号标识，节点编号是否需要全网唯一取决于网络通信协议的设计。由于传感器节点随机部署，构成的传感器网络与节点编号之间的关系是动态的，表现为节点编号与节点位置没有必然联系。用户使用传感器网络查询事件时，直接将所关心的事件通告给网络，而不是通告给某个确定编号的节点。网络在获得指定事件的信息后将其汇报给用户。这种以数据本身为查询或传输线索的思想更接近于自然语言交流习惯。所以通常说传感器网络是一个以数据为中心的网络。

例如，在应用于目标跟踪的传感器网络中，跟踪目标可能出现在任何地方，对目标感兴趣的用户只关心目标出现的位置和时间，并不关心是哪个节点监测到目标的。事实上，在目标移动的过程中，必然要由不同的节点提供目标的位置消息。

6. 集成化

传感器节点功耗低、体积小、价格便宜，实现了集成化。其中，微机电系统技术的快

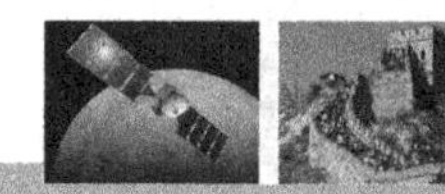

速发展为无线传感器网络节点实现上述功能提供了相应的技术条件，在未来，类似“灰尘”的传感器节点也将被研发出来。

7. 具有密集的节点布置

在安置传感器节点的监测区域内，布置有数量众多的传感器节点。通过这种布置方式，可以对空间抽样信息或多维信息进行捕获，通过相应的分布式处理，可实现高精度的目标检测和识别。另外，也可以降低对单个传感器的精度要求。密集布设节点之后，将会存在大量的冗余节点，这一特性能够提高系统的容错性能，对单个传感器的要求大大降低。最后，适当将其中的某些节点进行休眠调整，还可以延长网络的使用寿命。

8. 协作方式执行任务

这种方式通常包括协作式采集、处理、存储及传输信息。通过协作的方式，传感器节点可以共同实现对对象的感知，得到完整的信息。这种方式可以有效克服处理和存储能力不足的缺点，共同完成复杂的任务。在协作方式下，传感器节点之间实现远距离通信，可以通过多跳中继转发的方式进行，也可以通过多节点协作发射的方式进行。

在无线传感器网络中，节点的唤醒方式有以下几种。

（1）全唤醒模式：在这种模式下，无线传感器网络中的所有节点同时被唤醒，探测并跟踪网络中出现的目标，虽然在这种模式下可以得到较高的跟踪精度，然而是以网络能量消耗巨大为代价的。

（2）随机唤醒模式：在这种模式下，无线传感器网络中的节点由给定的唤醒概率 p 随机唤醒。

（3）由预测机制选择唤醒模式：在这种模式下，无线传感器网络中的节点根据跟踪任务的需要，选择性地唤醒对跟踪精度收益较大的节点，通过当前信息预测目标下一时刻的状态，并唤醒节点。

（4）任务循环唤醒模式：在这种模式下，无线传感器网络中的节点周期性地处于唤醒状态，这种工作模式下的节点可以与其他工作模式下的节点共存，并协助其他工作模式下的节点工作。

由预测机制选择唤醒模式可以获得较低的能耗和较高的信息收益。

1.2.2 网络功能

WSN 并不界定网络形态，可以是星形（Star）、网形（Mesh）、点到点（P2P）或综合以上形态的网络，但一定具备下列功能：

（1）传感器/微控制器：侦测、搜集及处理环境中的资料，如侦测温度、湿度等。

（2）射频通信：节点或网关，用于收发资料。

（3）软件：包含节点端的嵌入式系统及使用者端的管理程序，软体确保数据感测功能顺利实现并提供容易阅读的界面。

1.2.3 应用相关性

传感器网络用来感知客观物理世界，获取物理世界的信息。客观世界的物理量多种多样，不可穷尽。不同的传感器网络应用关心不同的物理量，因此对传感器应用系统也有多

种多样的要求。

不同的应用对传感器网络的要求不同，其硬件平台、软件系统和网络协议必然有很大的差别，所以传感器网络不能像因特网一样有统一的通信协议平台。不同的传感器网络应用虽然存在一些共性问题，但在开发传感器网络应用时更关心传感器网络的差异。针对每一个具体应用来研究传感器网络技术，这是传感器网络不同于传统网络的显著特征。

无线传感器网络有着许多不同的应用。在工业界和商业界，它用于监测数据，而如果使用有线传感器，则成本较高且实现起来困难。无线传感器可以长期放置在荒芜的地区，用于监测环境变量，而不需要对它们重新充电再放回去。

无线传感器网络的应用包括视频监视、交通监视、航空交通控制、机器人学、汽车、家居健康监测和工业自动化。

1.3　网络结构

传感器网络通常包括传感器节点（终端，End Device）、汇聚节点（路由器，Router）和管理节点（协调器，Coordinator）。

大量传感器节点随机部署在监测区域内部或附近，能够通过自组织方式构成网络。传感器节点监测的数据沿着其他传感器节点逐跳地进行传输，在传输过程中监测数据可能被多个节点处理，经过多跳后路由到汇聚节点，最后通过互联网或卫星到达管理节点。用户通过管理节点对传感器网络进行配置和管理，发布监测任务及收集监测数据。

1. 传感器节点

传感器节点的处理能力、存储能力和通信能力相对较弱，通过小容量电池供电。从网络功能上看，每个传感器节点除进行本地信息收集和数据处理外，还对其他节点转发来的数据进行存储、管理和融合，并与其他节点协作，完成一些特定任务。

2. 汇聚节点

汇聚节点的处理能力、存储能力和通信能力相对较强，是连接传感器网络与 Internet 等外部网络的网关，用于实现两种协议间的转换，同时向传感器节点发布来自管理节点的监测任务，并把 WSN 收集到的数据转发到外部网络上。汇聚节点是一个具有增强功能的传感器节点，有足够的能量供给和更多的 Flash 和 SRAM，通过汇编软件，可很方便地把获取的信息转换成汇编文件格式的，从而分析出传感节点所存储的程序代码、路由协议及密钥等机密信息，同时还可以修改程序代码，并加载到传感器节点中。

3. 管理节点

管理节点用于动态地管理整个无线传感器网络。无线传感器网络的所有者通过管理节点访问无线传感器网络的资源。

1.4　协议栈

WSN 协议栈多采用五层协议：应用层、传输层、网络层、数据链路层、物理层。与以

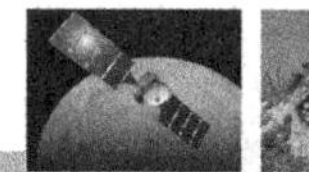

太网协议栈的五层协议相对应。另外，协议栈还应包括能量管理器、拓扑管理器和任务管理器。这些管理器使得传感器节点能够按照能源高效的方式协同工作，在节点移动的传感器网络中转发数据，并支持多任务和资源共享。各层协议和管理器的功能如下：

（1）物理层提供简单但健壮的信号调制和无线收发技术；

（2）数据链路层负责数据成帧、帧检测、媒体访问和差错控制；

（3）网络层主要负责路由生成与路由选择；

（4）传输层负责数据流的传输控制，是保证通信服务质量的重要部分；

（5）应用层包括一系列基于监测任务的应用层软件。

经过十几年发展，已出现了大量的 WSN 协议，如 MAC 层的 S-MAC、T-MAC、BMAC、XMAC、ContikiMAC 等，路由层的 AODV、LEACH、DYMO、HiLOW、GPSR 等。不过这些均属于私有协议，均针对特定的应用场景进行优化，适用范围较窄，由于缺乏标准，推广十分困难，对产业化十分不利。面对这种情况，国际标准化组织参与到无线传感器网络的标准制定中来，希望通过共同努力，制定出适用于多行业的、低功耗的、短距离无线自组网协议。

WSN 相关的标准如下。

（1）IEEE 802.15.4：属于物理层和 MAC 层标准，由于 IEEE 组织在无线领域的影响力，以及 TI、ST、Ember、Freescale、NXP 等著名芯片厂商的推动，IEEE 802.15.4 已成为 WSN 的事实标准。

（2）ZigBee：该标准在 IEEE 802.15.4 之上，重点制定网络层、安全层、应用层的规范，先后推出了 ZigBee 2004、ZigBee 2006、ZigBee 2007、ZigBee PRO 等版本的规范。此外，ZigBee 联盟还制定了针对具体行业应用（如智能家居、智能电网、消费类电子等领域）的规范，旨在实现统一的标准，使得不同厂家生产的设备相互之间能够通信。值得说明的是，ZigBee 在新版本的智能电网标准 SEP 2.0 中已经采用新的基于 IPv6 的 6Lowpan 规范，随着智能电网的建设，ZigBee 将逐渐被 IPv6/6Lowpan 标准所取代。与 ZigBee 类似的标准还有 Z-wave、ANT、Enocean 等，它们之间不兼容，不利于产业化的发展。

（3）ISA100.11a：国际自动化协会 ISA 下属的工业无线委员会 ISA100 发起的工业无线标准。

（4）WirelessHART：国际上几个著名的工业控制厂商共同发起的，致力于制定将 HART 仪表无线化的工业无线标准。

（5）WIA-PA：中国科学院沈阳自动化所参与制定的工业无线国际标准。

此外，互联网标准化组织 IETF 也看到了无线传感器网络（或物联网）的广泛应用前景，也加入相应的标准制定中。以前许多标准化组织认为 IP 技术过于复杂，不适合低功耗、资源受限的 WSN，因此都采用非 IP 技术。在实际应用中，如 ZigBee 接入互联网时需要复杂的应用层网关，也不能实现端到端的数据传输和控制。IETF 和许多研究者发现了存在的这些问题，尤其是 Cisco 的工程师基于开源的 uIP 协议实现了轻量级的 IPv6 协议，证明了 IPv6 不但可以运行在低功耗、资源受限的设备上，而且比 ZigBee 更简单，彻底改变了人们的偏见，之后基于 IPv6 的无线传感器网络技术得到了迅速发展。IETF 已经制定完成了核心的标准规范，包括 IPv6 数据报文和帧头压缩规范 6Lowpan，面向低功耗、低速率、链路动态变化的无线网络路由协议 RPL，以及面向无线传感网应用的应用层标准 CoAP。

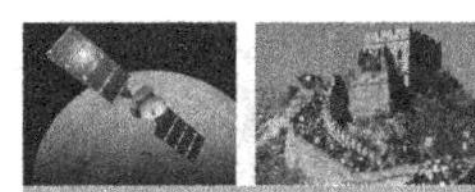

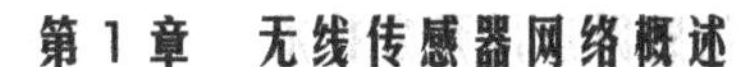

IETF 已组织成立了 IPSO 联盟，推动相应标准的应用，并发布了一系列白皮书。IPv6/6Lowpan 已经成为许多其他标准的核心，包括智能电网 ZigBee SEP 2.0、工业控制标准 ISA100.11a、有源 RFID ISO1800-7.4（DASH）等。IPv6/6Lowpan 具有诸多优势：可以运行在多种介质上，如低功耗无线、电力线载波、WiFi 和以太网，有利于实现统一通信。IPv6 可以实现端到端的通信，不需要网关，降低了成本。6Lowpan 中采用 RPL 路由协议，路由器可以休眠，也可以采用电池供电，应用范围广，而 ZigBee 技术路由器不能休眠，应用领域受到限制。6Lowpan 已经由大量开源软件实现，最著名的是 Contiki、TinyOS，已经实现了完整的协议栈，全部开源，完全免费，并且已经在许多产品中得到应用。随着无线传感器网络及物联网的广泛应用，IPv6/6Lowpan 协议很可能成为该领域的事实标准。

1.5 应用范围

由于技术等方面的制约，WSN 的大规模商用还有待时日。但随着微处理器体积的缩小和性能的提升，已经有中小规模的 WSN 开始在工业市场上投入商用。其应用主要集中在以下领域。

1. 环境监测

随着人们对环境问题的关注程度越来越高，需要采集的环境数据也越来越多，无线传感器网络的出现为随机地研究数据获取提供了便利，还可以避免传统数据收集方式给环境带来的侵入式破坏。例如，英特尔研究实验室的研究人员曾经将 32 个小型传感器连进互联网，以“读出”缅因州“大鸭岛”上的气候，用来评价一种海燕巢。无线传感器网络还可以跟踪候鸟和昆虫的迁移，研究环境变化对农作物的影响，监测海洋、大气和土壤的成分等。此外，它也可以应用在精细农业中，监测农作物中的害虫状况、土壤的酸碱度和施肥状况等。

2. 医疗护理

罗彻斯特大学的科学家使用无线传感器创建了一个智能医疗房间，使用微尘来测量居住者的重要体征（血压、脉搏和呼吸）、睡觉姿势及每天 24 小时的活动状况。英特尔也推出了基于 WSN 的家庭护理技术。该技术是作为探讨应对老龄化社会的技术项目 Center for Aging Services Technologies（CAST）的一个环节开发的。该系统通过在鞋、家具家用电器等物品中嵌入半导体传感器，帮助老龄人士、阿尔茨海默氏病患者及残障人士。利用无线通信将各传感器连网，可高效传递必要的信息，从而方便老年人接受护理，而且可以减轻护理人员的负担。英特尔主管预防性健康保险研究的董事 Eric Dishman 称，“在开发家庭用护理技术方面，无线传感器网络是非常有前途的”。

3. 军事领域

由于无线传感器网络具有密集型、随机分布的特点，使其非常适合应用于环境恶劣的战场中，它具有包括侦察敌情，监控兵力、装备和物资，判断生物化学攻击等多方面的用途。美国国防部远景计划研究局已投资几千万美元，帮助大学进行“智能尘埃”传感器技术的研发。

4. 目标跟踪

DARPA 支持的 Sensor IT 项目探索如何将 WSN 技术应用于军事领域，实现所谓“超视

距”战场监测。UCB 的 Sensor Web 是 Sensor IT 的一个子项目。原理性地验证了应用 WSN 进行战场目标跟踪的技术可行性，翼下携带 WSN 节点的无人机（UAV）飞到目标区域后抛下节点，节点最终随机撒落到被监测区域，利用安装在节点上的地震波传感器可以探测到外部目标，如坦克、装甲车等，并根据信号的强弱估算距离，综合多个节点的观测数据，最终定位目标，并绘制出其移动轨迹。虽然该演示系统在精度等方面还远达不到装备部队的要求，这种战场侦察模式尚未应用于实战，但随着美国国防部将其武器系统研制的主要技术目标从精确制导转向目标感知与定位，WSN 提供的这种新颖的战场侦察模式会受到军方的关注。

5. 其他用途

WSN 还被应用于一些危险的工业环境中，如井矿、核电厂等，工作人员可以通过它来实施安全监测。WSN 也可以应用在交通领域，作为车辆监控的有力工具。此外，WSN 还可以应用在工业自动化生产线等诸多领域，如英特尔工厂中的一个无线网络，由 40 台机器上的 210 个传感器组成，这样的监控系统可以大大改善工厂的运作条件，可以大幅降低检查设备的成本，同时由于可以提前发现问题，因此将能够缩短停机时间，提高效率，并延长设备的使用时间。尽管无线传感器网络技术仍处于初步应用阶段，但已经展示出了非凡的应用价值，相信随着相关技术的发展和推进，一定会得到更广泛的应用。

1.6 未来展望

1. 能效问题

在无线传感器网络的研究中，能效问题一直是热点问题。当前的处理器及无线传输装置依然存在向微型化发展的空间，但在无线传感器网络中需要数量更多的传感器，种类也要求多样化，将它们进行连接会导致耗电量的增大。如何提高网络性能，延长其使用寿命，将不准确性误差控制到最小，将是下一步研究的问题。

2. 采集与管理数据

无线传感器网络接收的数据的规模将会越来越大，但是当前的使用模式下，对数量庞大的数据进行管理和使用的能力有限。进一步加快时空数据处理和管理能力，开发出新的模式，将是非常有必要的。

3. 无线通信的标准问题

标准的不统一会给无线传感器网络的发展带来障碍，在接下来的发展中，开发无线通信标准是一个比较紧迫的任务。

练习题 1

（1）简单描述无线传感器网络的体系结构、节点与协议栈。

（2）简述无线传感器网络的特点。

（3）无线传感器网络的关键技术有哪些？

（4）试描述一种无线传感器网络的应用场景。

2.1　传感器的主要功能

人们为了从外界获取信息，必须借助感觉器官。在研究自然现象和规律的活动中，以及生产活动中，单靠人们自身的感觉器官，就远远不够了。为适应这种情况，需要功能更加丰富的感知设备。而这类感知设备是人类五官的延伸，我们就称这类设备为传感器。可以给传感器下一个比较严格的定义：

传感器是“能感受规定的被测量并按照一定的规律（数学函数法则）将其转换成可用信号的器件或装置，通常由敏感元件和转换元件组成”。

随着新技术革命的到来，世界开始进入信息时代。在利用信息的过程中，首先要解决的就是获取准确可靠的信息，而传感器是获取自然界中和生产领域中信息的主要工具。

在现代工业生产中，尤其是自动化生产过程中，要用各种传感器来监视和控制生产过程中的各个参数，使设备工作在正常状态或最佳状态，并使产品达到最好的质量。可以说，没有众多优良的传感器，现代化生产也就失去了基础。

在基础学科研究中，传感器更具有突出的地位。现代科学技术进入了许多新领域，如在宏观上要观察茫茫宇宙，在微观上要观察粒子世界。此外，还出现了对深化物质认识、开拓新能源和新材料等具有重要作用的各种尖端技术的研究，如超高温、超低温、超高压、超高真空、超强磁场、超弱磁场等。显然，要获取大量人类感官无法直接获取的信息，没有相应的传感器是不可能的。许多基础科学的研究障碍，首先就是信息获取困难，而一些新机制和高灵敏度的检测传感器的出现，往往会引起该领域内研究的突破。一些传感器的发展，往往是一些边缘学科开发的先驱。

两种典型的传感器如图 2-1 和图 2-2 所示。

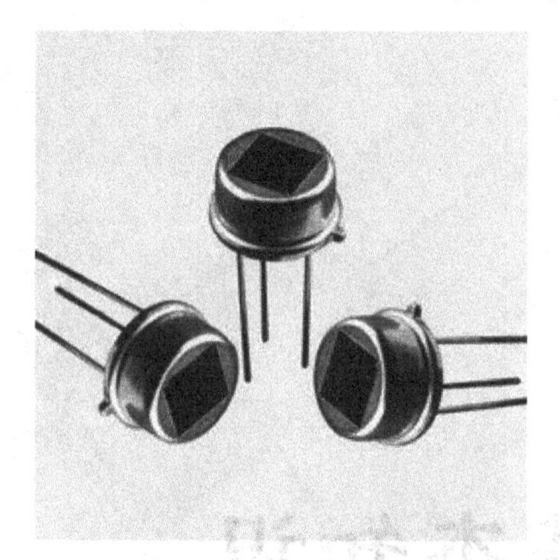

图 2-1　热释电传感器

图 2-2　视觉传感器

传感器早已渗透到诸如工业生产、宇宙开发、海洋探测、环境保护、资源调查、医学诊断、生物工程、文物保护等领域。可以毫不夸张地说，从茫茫的太空到浩瀚的海洋，乃至各种复杂的工程系统，几乎每一个现代化项目都离不开各种各样的传感器。由此可见传感器技术在发展经济、推动社会进步方面的重要作用。

2.2　传感器的组成与特点

传感器一般由敏感元件、转换元件、信号调制与转换电路和辅助电源四部分组成，如图 2-3 所示。

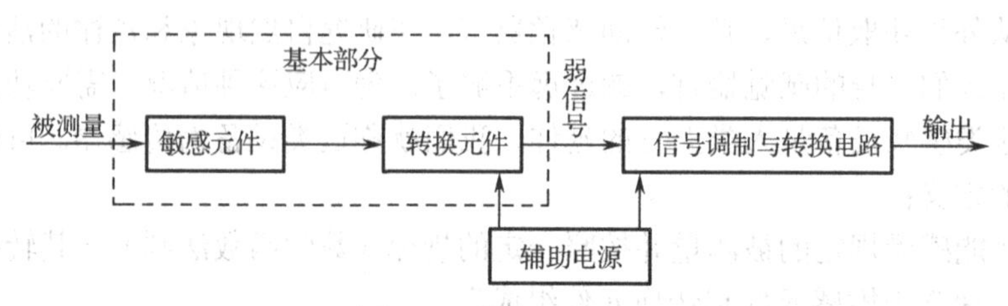

图 2-3　传感器的组成

敏感元件直接感受被测量，并输出与被测量有确定关系的物理量信号；转换元件将敏感元件输出的物理量信号转换为电信号；信号调制与转换电路负责对转换元件输出的电信号进行放大调制；转换元件和信号调制与转换电路一般还需要辅助电源供电。

传感器的特点：微型化、数字化、智能化、多功能化、系统化、网络化。它不仅促进了传统产业的改造和更新换代，还可以帮助建立新型工业。微型化是建立在微电子机械系统（MEMS）技术基础上的，当前，已成功在硅器件上做成硅压力传感器。

2.3　传感器的技术参数

传感器的特性又分为静态特性与动态特性两个方面。传感器的静态特性是指对于静态

的输入信号，传感器的输出量与输入量之间所具有相互关系，因为这时输入量和输出量都和时间无关。表征传感器静态特性的主要参数有线性度、灵敏度、迟滞、重复性、漂移等。所谓动态特性，是指传感器在输入量变化时，它的输出特性。在实际工作中，传感器的动态特性常用它对某些标准输入信号的响应来表示。传感器的动态特性常用阶跃响应和频率响应来表示，动态特性不在这里讨论。

传感器常用静态特性如下。

（1）线性度：传感器输出量与输入量之间的实际关系曲线偏离拟合直线的程度。定义为在全量程范围内实际特性曲线与拟合直线之间的最大偏差值与满量程输出值之比。

（2）灵敏度：灵敏度是传感器静态特性的一个重要指标。其定义为输出量的增量与引起该增量的相应输入量增量之比。用 S 表示灵敏度。

（3）迟滞：传感器在输入量由小到大（正行程）及输入量由大到小（反行程）变化期间其输入输出特性曲线不重合的现象。对于同一大小的输入信号，传感器的正反行程输出信号大小不相等，这个差值称为迟滞差值。

（4）重复性：传感器在输入量按同一方向做全量程连续多次变化时，所得特性曲线不一致的程度。

（5）漂移：在输入量不变的情况下，传感器输出量随着时间变化的现象。引起漂移的因素有两个：一是传感器自身结构参数；二是周围环境（如温度、湿度等）。

（6）分辨力：当传感器的输入从非零值缓慢增加时，在超过某一增量后输出发生可观测的变化，这个输入增量称传感器的分辨力，即最小输入增量。

（7）阈值：当传感器的输入从零值开始缓慢增加时，在达到某一值后输出发生可观测的变化，这个输入值称传感器的阈值。

在选择传感器时，往往根据以上特征选择符合应用要求的传感器。

2.4　传感器的分类

可按照不同的分类标准对传感器进行分类，如按用途、按工作原理、按测量对象等进行分类。

1. 按测量对象分类

按照传感器的测量对象可将传感器分为：压敏和力敏传感器、位置传感器、液位传感器、能耗传感器、速度传感器、加速度传感器、射线辐射传感器、热敏传感器等。

2. 按输出信号分类

按照传感器的输出信号的形式可将传感器分为以下几种。

模拟量传感器：将被测量的非电信号转换成模拟电信号。

数字量传感器：将被测量的非电信号转换成数字输出信号（包括直接转换和间接转换）。

开关量传感器：当一个被测量的信号达到某个特定的阈值时，传感器相应地输出一个设定的低电平信号或高电平信号。

3. 按制造工艺分类

薄膜传感器是通过沉积在介质衬底（基板）上的、相应敏感材料的薄膜形成的。使用混合工艺时，同样可将部分电路印制在此基板上。

厚膜传感器是将相应材料的浆料涂覆在陶瓷基片上制成的，基片通常是用 Al_2O_3 制成的，然后进行热处理，使厚膜成形。

陶瓷传感器采用标准的陶瓷工艺或其某种变种工艺（溶胶、凝胶等）生产。

4. 按工作原理分类

物理型传感器是利用被测量物质的某些物理性质发生明显变化的特性制成的。

化学型传感器是利用能把化学物质的成分、浓度等化学量转换成电学量的敏感元件制成的。

生物型传感器是利用各种生物或生物物质的特性做成的，用以检测与识别生物体内的化学成分。

5. 按作用形式分类

传感器按作用形式可分为主动型传感器和被动型传感器。

主动型传感器又有作用型传感器和反作用型传感器，此种传感器能对被测对象发出一定的探测信号，能检测探测信号在被测对象中所产生的变化，或者由探测信号在被测对象中产生某种效应而形成信号。检测探测信号变化方式的传感器称为作用型传感器，检测产生响应而形成信号方式的传感器称为反作用型传感器。雷达与无线电频率范围探测器是作用型传感器实例，而光声效应分析装置与激光分析器是反作用型传感器实例。

被动型传感器只接收被测对象本身产生的信号，如红外辐射温度计、红外摄像装置等。在无线传感器网络应用中，通常按照传感器的输出信号类型对各种传感器进行分类，以便与协议栈中相应的函数对应。

2.4.1 开关量传感器

开关量传感器输出的信号是接点信号，有断开和闭合两种状态。例如，液位传感器就是一种常见的开关量传感器，当液位低于设定值时，液位传感器开关断开（或闭合）；当液位高于设定值时，开关闭合（或断开）。如图 2-4 所示的热释电传感器也经常被设计成开关模块使用。

该类模块一般有 3 个引脚，分别是电源引脚、地引脚和输出信号引脚。输出信号一般设计为常高，接收到红外信号后输出低电平。所以该类模块与微控制器相连时特别容易，将 GPIO 设为输入状态即可检测到传感器状态。

图 2-4 热释电传感器

所谓热释电效应是指极化强度随温度改变而表现出的电荷释放现象，宏观上是温度的改变使得在材料的两端出现电压或产生电流。热释电效应与压电效应类似，也是晶体的一种自然物理效应。直观的解释是温度高于绝对零度的物体都会发出红外线。

某工业无线遥控器使用 STM32 微控制器，检测外围开关量相关代码如图 2-5 和图 2-6

```
void Key_GPIO_Config(void)
{
	GPIO_InitTypeDef GPIO_InitStructure;

	/*开启按键端口的时钟*/
	RCC_APB2PeriphClockCmd(KEY1_GPIO_CLK|KEY2_GPIO_CLK,ENABLE);

	//选择按键的引脚
	GPIO_InitStructure.GPIO_Pin = KEY1_GPIO_PIN;
	// 设置按键的引脚为浮空输入
	GPIO_InitStructure.GPIO_Mode = GPIO_Mode_IN_FLOATING;
	//使用结构体初始化按键
	GPIO_Init(KEY1_GPIO_PORT, &GPIO_InitStructure);

	//选择按键的引脚
	GPIO_InitStructure.GPIO_Pin = KEY2_GPIO_PIN;
	//设置按键的引脚为浮空输入
	GPIO_InitStructure.GPIO_Mode = GPIO_Mode_IN_FLOATING;
	//使用结构体初始化按键
	GPIO_Init(KEY2_GPIO_PORT, &GPIO_InitStructure);
}
```

图 2-5　STM32 开关量传感器检测 GPIO 配置函数

```
uint8_t Key_Scan(GPIO_TypeDef* GPIOx,uint16_t GPIO_Pin)
{
	/*检测是否有按键按下 */
	if(GPIO_ReadInputDataBit(GPIOx,GPIO_Pin) == KEY_ON )
	{
		/*等待按键释放 */
		while(GPIO_ReadInputDataBit(GPIOx,GPIO_Pin) == KEY_ON);
		return 	KEY_ON;
	}
	else
		return KEY_OFF;
}
```

图 2-6　开关量检测函数（与按键统一处理）

所示。这里开关量检测与按键使用同一个函数进行统一处理，请思考为什么。

2.4.2 数字量传感器

数字量传感器是输出为一系列用逻辑电平表示的数字信号的传感器。显然，这类传感器也是比较容易与微控制器进行连接的。与开关量传感器不同的是，其微控制器需要使用相应的通信接口或通信协议与传感器进行通信。相对而言，其使用的复杂度要比开关量传感器高很多，如常见的国产数字温/湿度传感器 DHT11 即使用单总线与单片机通信。

DHT11 数字温/湿度传感器是一款含有已校准数字信号输出的温/湿度复合传感器，它应用专用的数字模块采集技术和温/湿度传感技术，产品具有极高的可靠性和卓越的长期稳定性。传感器包括一个电阻式感湿元件和一个 NTC 测温元件，并与一个高性能 8/16/32 位单片机相连。该产品具有品质卓越、超快响应、抗干扰能力强、性价比极高等优点。DHT11

传感器出厂前都在极为精确的湿度校验室中进行了校准。校准系数以程序的形式存在于OTP 内存中，在检测信号的处理过程中，传感器内部要调用这些校准系数。单线制串行接口使系统集成变得简易快捷；超小的体积、极低的功耗使其成为在苛刻应用场合的最佳选择。产品采用 4 针单排引脚封装，如图 2-7 所示。

某应用于冷库的工业无线遥控器使用了 DHT11，相关代码如图 2-8～图 2-12 所示。注意，DHT11 使用单总线通信协议，微控制器的 GPIO 在通信过程中需要变换输入、输出方向，这样才能正确地完成通信。

图 2-7　DHT11 数字温/湿度传感器

```
/**
  * @brief  DHT11 初始化函数
  * @param  无
  * @retval 无
  */
void DHT11_Init ( void )
{
        DHT11_GPIO_Config ();

        DHT11_Dout_1;                // 拉高GPIOB10
}
```

图 2-8　DHT11 初始化

```
/*
* 函数名：DHT11_Mode_IPU
* 描述  ：使DHT11-DATA引脚变为上拉输入模式
* 输入  ：无
* 输出  ：无
*/
static void DHT11_Mode_IPU(void)
{
        GPIO_InitTypeDef GPIO_InitStructure;

         /*选择要控制的DHT11_Dout_GPIO_PORT引脚*/
        GPIO_InitStructure.GPIO_Pin = DHT11_Dout_GPIO_PIN;

         /*设置引脚模式为浮空输入模式*/
        GPIO_InitStructure.GPIO_Mode = GPIO_Mode_IPU ;

        /*调用库函数，初始化DHT11_Dout_GPIO_PORT*/
        GPIO_Init(DHT11_Dout_GPIO_PORT, &GPIO_InitStructure);
}
```

图 2-9　通信过程中 GPIO 为输入引脚

这里将 GPIO 的输入和输出配置单独做成函数，是为了后续在通信协议的实现过程中方便地通过调用这些函数改变 GPIO 的输入和输出状态。

这里程序的读写时序完全按照 DHT11 的读写时序设置，关于 DHT11 的读写时序及详

```
/*
* 函数名：DHT11_Mode_Out_PP
* 描述  ：使DHT11-DATA引脚变为推挽输出模式
* 输入  ：无
* 输出  ：无
*/
static void DHT11_Mode_Out_PP(void)
{
        GPIO_InitTypeDef GPIO_InitStructure;

                /*选择要控制的DHT11_Dout_GPIO_PORT引脚*/

          GPIO_InitStructure.GPIO_Pin = DHT11_Dout_GPIO_PIN;

        /*设置引脚模式为通用推挽输出*/
          GPIO_InitStructure.GPIO_Mode = GPIO_Mode_Out_PP;

        /*设置引脚速率为50MHz */
          GPIO_InitStructure.GPIO_Speed = GPIO_Speed_50MHz;

        /*调用库函数，初始化DHT11_Dout_GPIO_PORT*/
          GPIO_Init(DHT11_Dout_GPIO_PORT, &GPIO_InitStructure);

}
```

图 2-10　通信过程中 GPIO 为输出引脚

```
/*
* 函数名：DHT11_GPIO_Config
* 描述  ：配置DHT11用到的I/O口
* 输入  ：无
* 输出  ：无
*/
static void DHT11_GPIO_Config ( void )
{
        /*定义一个GPIO_InitTypeDef类型的结构体*/
        GPIO_InitTypeDef GPIO_InitStructure;


        /*开启DHT11_Dout_GPIO_PORT的外设时钟*/
  DHT11_Dout_SCK_APBxClock_FUN ( DHT11_Dout_GPIO_CLK, ENABLE );

        /*选择要控制的DHT11_Dout_GPIO_PORT引脚*/

          GPIO_InitStructure.GPIO_Pin = DHT11_Dout_GPIO_PIN;

        /*设置引脚模式为通用推挽输出*/
          GPIO_InitStructure.GPIO_Mode = GPIO_Mode_Out_PP;

        /*设置引脚速率为50MHz */
          GPIO_InitStructure.GPIO_Speed = GPIO_Speed_50MHz;

        /*调用库函数，初始化DHT11_Dout_GPIO_PORT*/
          GPIO_Init ( DHT11_Dout_GPIO_PORT, &GPIO_InitStructure );

}
```

图 2-11　DHT11 使用 GPIO 配置函数

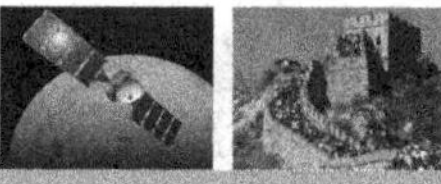

```
/*
* 一次完整的数据传输为40bit，高位先出
* 8bit 湿度整数 + 8bit 湿度小数 + 8bit 温度整数 + 8bit 温度小数 + 8bit 校验和
*/
uint8_t DHT11_Read_TempAndHumidity(DHT11_Data_TypeDef *DHT11_Data)
{
        /*输出模式*/
        DHT11_Mode_Out_PP();
        /*主机拉低*/
        DHT11_Dout_0;
        /*延时18ms*/
        Delay_ms(18);

        /*总线拉高 主机延时30μs*/
        DHT11_Dout_1;

        Delay_us(30);    //延时30μs

        /*主机设为输入 判断从机响应信号*/
        DHT11_Mode_IPU();

        /*判断从机是否有低电平响应信号 如不响应则跳出，响应则向下运行*/
        if(DHT11_Dout_IN()==Bit_RESET)
        {
                /*轮询直到从机发出 的80μs 低电平 响应信号结束*/
                while(DHT11_Dout_IN()==Bit_RESET);

                /*轮询直到从机发出的 80μs 高电平 标置信号结束*/
                while(DHT11_Dout_IN()==Bit_SET);

                /*开始接收数据*/
                DHT11_Data->humi_int= DHT11_ReadByte();
```

(a)

```
                DHT11_Data->humi_deci= DHT11_ReadByte();

                DHT11_Data->temp_int= DHT11_ReadByte();

                DHT11_Data->temp_deci= DHT11_ReadByte();

                DHT11_Data->check_sum= DHT11_ReadByte();


                /*读取结束，引脚改为输出模式*/
                DHT11_Mode_Out_PP();
                /*主机拉高*/
                DHT11_Dout_1;

                /*检查读取的数据是否正确*/
                if(DHT11_Data->check_sum == DHT11_Data->humi_int + DHT11_Data->humi_deci + DHT11_Data-
>temp_int+ DHT11_Data->temp_deci)
                        return SUCCESS;
                else
                        return ERROR;
        }

        else
                return ERROR;

}
```

(b)

图 2-12　DHT11 读写函数

细参数，这里不再赘述，详见厂家文档。

2.4.3　模拟量传感器

模拟量传感器是指输出是连续变化量的一类传感器，该类传感器通过输出引脚电平变化表示感知量。与微控制器相连时，需要使用微控制器的 ADC 功能（大多数新型微控制器均内置 ADC 传感器，且精度一般在 8 位以上，能够满足一般应用需求）。

LM35 即是模拟量传感器。LM35 是由美国国家半导体公司（National Semiconductor，NS）生产的电压输出型温度传感器，其输出电压与温度的函数关系：

$$V_{out}(T)=10\mathrm{mV}/℃*T℃ \tag{2-1}$$

LM35 有多种封装形式，常用 TO92 封装的引脚定义与外形图如图 2-13 与图 2-14 所示。

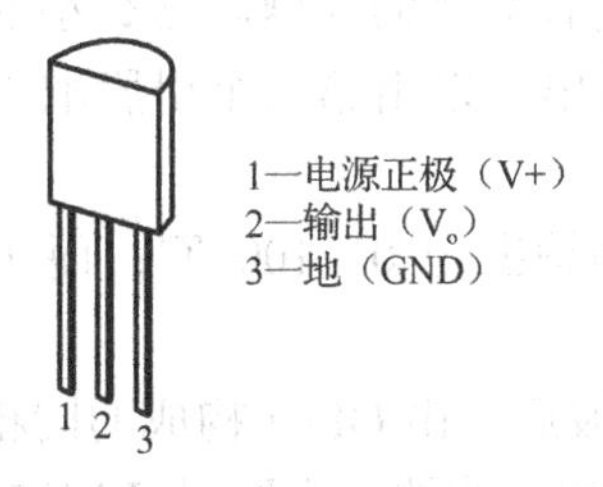

图 2-13　LM35 引脚定义

图 2-14　LM35 外形图

LM35 是一种得到广泛使用的温度传感器。由于它采用内部补偿，所以输出可以从 0 ℃开始。LM35 有多种不同的封装形式。在常温下，LM35 不需要额外的校准处理即可达到 ±1/4℃的准确率。

其电源供应模式有单电源与正负双电源两种，正负双电源的供电模式可提供负温度的量测，在静止温度中自热效应低（0.08 ℃），单电源模式下在 25 ℃以下时静止电流约 50 μA，工作电压范围较大，可在 4～20 V 的供电电压范围内正常工作，非常省电。LM35 实用单电源温度测量电路如图 2-15 所示。

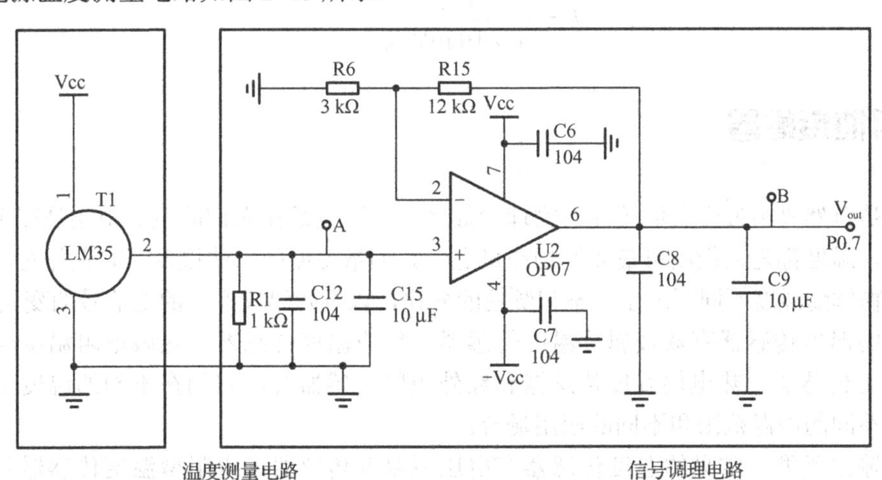

图 2-15　LM35 实用单电源温度测量电路

厂商在推出自己的产品时，一般都会同时推出产品文档，以供开发者设计产品时参考。相关产品文档可到生产企业官网下载，也可到 ALLDATASHEET（www.alldatasheet.com）下载。图 2-14 为国家半导体公司为 LM35 传感器推出的说明文档中关于 LM35 传感器的关键参数。

- 工作电压：直流4～30 V；
- 工作电流：小于133 μA；
- 输出电压：−1.0～+6 V；
- 输出阻抗：1 mA负载时0.1 Ω；
- 精度：0.5 ℃精度（在+25℃时）；
- 漏泄电流：小于60 μA；
- 比例因数：线性+10.0 mV/℃；
- 非线性值：±1/4 ℃；
- 校准方式：直接用摄氏温度校准；
- 封装：密封TO-46晶体管封装或塑料TO-92晶体管封装；
- 使用温度范围：−55～+150 ℃额定范围。

引脚介绍：
①正电源Vcc；②输出；③输出地/电源地。

图 2-16　LM35 关键参数

从图 2-16 所示参数中可以看到，传感器工作电压为 4～30 V，在上述电压范围以内，芯片从电源吸收的电流几乎是不变的（小于 60 μA，约 50 μA），所以芯片自身几乎没有散热的问题。这么小的电流也使得该芯片特别适合某些应用，如在电池供电的场合，输出可以由第三个引脚取得，无须校准。

目前，已有两种型号的 LM35 可以使用：LM35DZ 的输出为 0～100 ℃；而 LM35CZ 的输出可覆盖-40～110 ℃，且精度更高。

在图 2-15 中，LM35 输出的电压信号经过 RC 低通滤波后，由 OP07 构成的同相比例放大器进行放大。根据其中的集成运放的特性及电路参数可知，该放大电路对 LM35 输出信号进行放大的倍数为：

$$A_u = 1 + \frac{R_{15}}{R_6} = 1 + \frac{12\ \text{k}}{3\ \text{k}} = 5 \tag{2-2}$$

放大后输出电压为：

$$U_{\text{out}} = A_u V_{\text{out}}(T) \tag{2-3}$$

由以上各式，可以推算出温度值与输出电压之间的关系。由于 LM35 的灵敏度为 10 mV/℃，所以测量得到温度值为：

$$T = \frac{V_{\text{out}}}{A_u \times 10\ \text{mV/℃}} \tag{2-4}$$

2.5　其他传感器

温度是自然界中最受人们关注的物理参数之一，无论是在人们的生活中还是在工农业生产过程中，温度都是人们测量最多的物理量之一。测量温度的方法很多，如人体对温度的感受、某些物体随温度不同而产生形态和颜色的变化，以及随温度产生的电信号的变化等。

常见的温度传感器有双金属片温度传感器、集成温度传感器、热敏电阻温度传感器、热电阻温度传感器、热电偶温度传感器和红外辐射传感器等，它们在不同的温度下有不同的精度、不同的测温范围和不同的应用场合。

按照输出类型，常见的温度传感器有电压型温度传感器、电阻型温度传感器和数字信号型温度传感器（如单总线输出的集成温度传感器 DS18B20、具有 I^2C 接口的集成温度传感器 LM75A、电压输出型温度传感器 LM35 和脉冲输出型温度传感器 TMP04）等。

常见温度传感器的一般测温范围如表 2-1 所示。

表 2-1　常见温度传感器的一般测温范围

类型	双金属片温度传感器	集成温度传感器	热敏电阻温度传感器	热电阻温度传感器	热电偶温度传感器	红外辐射传感器
测温范围/℃	-80～500	-50～150	-55～125	-100～500	0～1600	600～2000

按照温度敏感元件是否与被测物体接触，可将温度传感器分为接触式测量温度传感器和非接触式测量温度传感器两大类。接触式测量温度传感器具有结构简单、工作稳定可靠及测量精度高等优点、如膨胀式温度计、热电阻温度传感器。非接触式测量温度传感器具有测量温度高、不干扰被测物体温度等优点，但测量精度不高，如红外高温传感器、光纤高温传感器。

双金属片温度传感器：一种非常古老的温度传感器。将两种热胀冷缩量不同的金属片熔接在一起，当温度变化时，由于两种金属的伸缩量不同，导致粘合的金属片的弯曲程度不同。这种温度传感器的最大优点是质量稳定、不怕任何电磁信号的干扰，缺点是精度不够高。

集成温度传感器：将温度敏感元件（PN 结）、信号处理电路、逻辑控制电路及接口电路等集成在单片 IC 上。它具有价格低廉、灵敏度高、线性度好、响应速度快、尺寸小和使用方便等优点。半导体温度传感器的最大缺点是测量温度的范围较小，为-50～150 ℃。

热敏电阻温度传感器：一些金属氧化物，采用不同的比例配方，经高温烧结而成。其电阻值随温度而变化。

热电偶温度传感器：两种不同的金属 A、B 构成闭合回路，将两个接点中的一个加热，回路中会产生热电势。

红外辐射传感器：属于非接触式温度传感器。敏感元件不与被测物接触，通过辐射和热交换达到测温的目的。

热电阻温度传感器：利用导体的电阻值随温度而变化的原理进行测温。

练习题 2

（1）什么是传感器，举出若干常见的传感器例子。

（2）传感器一般由哪几部分组成，各有什么功能？

（3）表征传感器性能的参数有哪些，它们是如何定义的？

（4）传感器有哪些分类方式？

（5）按照输出信号不同，传感器分为哪几种？

（6）数字温/湿度传感器 DHT11 有哪些特点？与微控制器相连的电路如何设计？

（7）对于模拟量温度传感器 LM35，如果感觉其输出太小，如何予以放大？

第3章 传感网通信与组网技术

传感器可借助各种通信技术组建网络。而无线技术因灵活、便捷、高效、成本低、能耗低而与传感器成了最佳组合。在无线传感网技术中，ZigBee、WiFi、Z-Wave、UWB 等各有优势，其中 ZigBee 技术以低功耗、低复杂度、低成本等优势迅速成为市场的主流。

3.1 ZigBee 基础

ZigBee 技术是一种短距离无线通信技术，其物理层和数据链路层协议标准为 IEEE 802.15.4，网络层和安全层协议标准由 ZigBee 联盟制定，应用层协议标准由用户根据需要进行开发。因此，该技术能够为用户提供机动、灵活的组网方式，较广泛地应用于短距离无线数据采集和控制领域。

3.1.1 信道

ZigBee 有三个频带，分别是用于欧洲的 868 MHz、用于美国的 915 MHz 及全球通用的 2.4 GHz，各自信道带宽不同，分别为 0.6 MHz、2 MHz 和 5 MHz。因此，每个频带可细分为若干个信道，以上三个频带分别可细分为 1 个、10 个和 16 个信道。不同频带拥有不同的数据传输速率，分别为 20 kbps（868 MHz）、40 kbps（915 MHz）和 250 kbps（2.4 GHz）的原始数据吞吐率。ZigBee 的频带与信道如图 3-1 所示。

868.3 MHz　902 MHz　928 MHz　2.4 GHz　2.4835 GHz

信道0　信道1～10　信道11～26

图 3-1　ZigBee 的频带与信道

3.1.2 网络号

ZigBee 网络号（PAN ID）是 ZigBee 网络的基本标识，一个网络的网络号是唯一的，也是同一个通信区域内不同网络中的节点加入自己应加入网络的标识。网络号用 PAN ID 表示，PAN ID 是一个 16 位的标识，即 0X0000～0XFFFF，也就是 0X 后的 0000～FFFF。PAN ID 也称为个人局域网识别标志或网络地址。理论上有 $64×2^{10}$ 个网络号可供选择。事实上只允许在 0X0000～0XFFFE 之间进行设置，如果将网络号设置为 0XFFFF，则会随机产生一个网络。

ZigBee 无线网络的协调器通过选择网络工作信道和网络号（也称为个人局域网识别标志或网络地址）启动一个 ZigBee 无线网络。

ZigBee 无线网络的路由器或终端设置的网络号的默认值为 0XFFFF，当选择默认值时，该节点会自动加入附近已有的网络。如果设定为一个非 0XFFFF 的网络号，则会根据所设置的网络号加入对应的网络。

3.1.3 网络设备类型

ZigBee 网络中有三种设备，即协调器、路由器和终端。协调器的主要功能是建立和设置网络；路由器在网络中主要起到承上启下的作用，也可承担终端的功能；终端是网络中的末端节点，只完成本节点的数据传输。

ZigBee 网络有三种拓扑结构，分别为星形拓扑结构、树形拓扑结构和网形拓扑结构。

3.1.4 拓扑结构

1. 星形拓扑结构

星形网络是 ZigBee 的最小型网络之一，由一个协调器和若干个终端构成（星形拓扑结构不支持路由器，如图 3-2 所示）。其优点是结构简单、数据传输速度快；缺点是网络中的节点数少且通信距离短，一般用于构成小型网络。星形网络的最大缺点是对协调器的要求很高，一旦协调器出现故障或断电，整个网络将瘫痪。

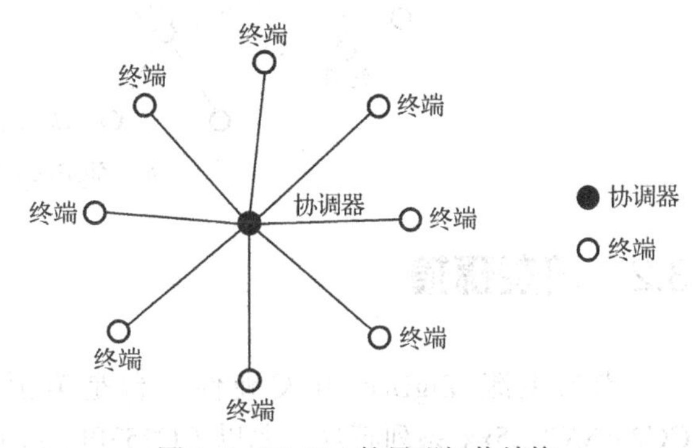

图 3-2　ZigBee 的星形拓扑结构

2. 树形拓扑结构

树形网络由协调器、路由器（也可承担终端的功能）和终端组成，其网络拓扑结构比星形拓扑结构复杂，如图 3-3 所示。其优点是网络的节点数多，可组成大规模 ZigBee 网络，数据传输的速度比网形网络快，而且当网络组建完成后可不再依赖协调器，即使将协调器撤出网络，网络仍可正常运行。其缺点是网络的安全性较差，即当一个路由器出现故障时，该路由器下的子节点将无法通信。

协调器下的网络节点可以是路由器，也可以是终端，每个路由器下仍可以是路由器或终端，上一级节点和其下一级节点形成父子关系。

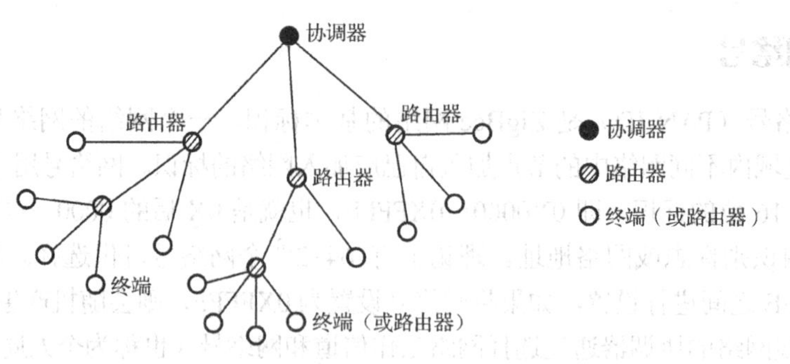

图 3-3 ZigBee 的树形拓扑结构

3. 网形拓扑结构

网形网络由协调器、路由器（也可承担终端的功能）和终端组成，其网络拓扑结构比树形拓扑结构复杂，如图 3-4 所示。其缺点是通信速度一般会低于树形拓扑结构；优点是网络的节点多，可组成大规模 ZigBee 网络，而且当网络组建完成后可不再依赖协调器，即使将协调器撤出，网络仍可正常运行。网形拓扑结构的最大优点是网络的安全性优于树形拓扑结构，即一个路由器出现故障可能不会影响其子节点的通信（条件是该子节点的附近有其他路由器）。

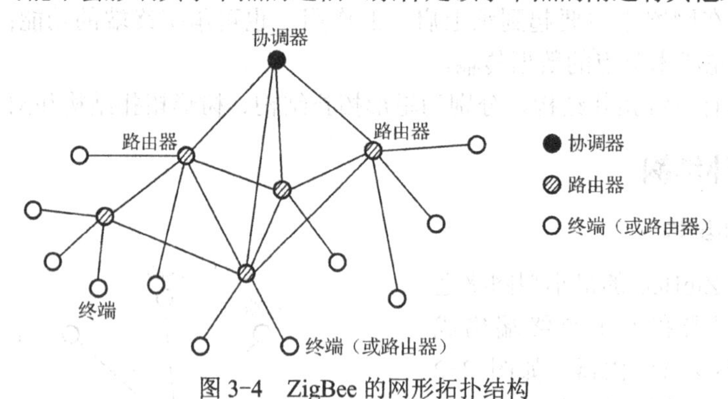

图 3-4 ZigBee 的网形拓扑结构

3.2 开发环境

当前主流 ZigBee 开发硬件平台是美国德州仪器（Texas Instruments，TI）公司的 CC24xx/CC25xx 系列芯片，尤以 CC2530F256 应用最为广泛。ZigBee 联盟推出的是 ZigBee 协议规范，具体实现方法是：各厂商开发，然后交由 ZigBee 联盟认证。TI 公司为其芯片配套推出了开源 ZigBee 协议栈 Z-Stack。需要注意的是，Z-Stack 协议栈的版本与其支持的芯片及所使用的软件环境三者必须严格对应，否则就会出现各种问题。

对于 Z-Stack，其代码有百万行以上，且使用了各种 C 语言的高级编程方法与技巧，一般开发人员要读懂代码困难重重。事实上，TI 之所以将代码写得如此复杂，一是为了满足 ZigBee 规范要求，二是为了方便最终用户使用。所以，除非是特别应用，绝大部分代码是不需要最终用户理会的。一般用户仅需了解 Z-Stack 的框架结构及用户程序添加和网络参数配置即可。当前很多基于 Z-Stack 协议栈二次开发的模块仅需要用户对 ZigBee 网络的基本参数进行配置即可。

3.2.1　CC2530 硬件平台

CC2530 是 TI 公司推出的用于 2.4 GHz 的 IEEE 802.15.4、ZigBee 和 RF4CE 应用的一个真正的片上系统解决方案。它能够以非常低的成本建立强大的网络节点。

CC2530 结合了领先的 RF 收发器的优良性能、业界标准的增强型 8051 CPU、系统内可编程闪存、8 KB RAM 和许多其他强大的功能。CC2530 有四种不同的闪存版本：CC2530F32/64/128/256，分别具有 32/64/128/256 KB 的闪存。CC2530 具有不同的运行模式，它尤其适应超低功耗要求的系统。运行模式之间的转换时间较短，进一步确保了低能源消耗。CC2530 外设具有以下特征：

- 强大的 5 通道 DMA；
- IEEE 802.5.4 MAC 定时器，通用定时器（1 个 16 位定时器，2 个 8 位定时器）；
- IR 发生电路；
- 具有捕获功能的 32 kHz 睡眠定时器；
- 硬件支持 CSMA/CA；
- 支持精确的数字化 RSSI/LQI；
- 电池监视器和温度传感器；
- 具有 8 路输入和可配置分辨率的 12 位 ADC；
- AES 安全协处理器；
- 2 个支持多种串行通信协议的强大 USART；
- 21 个通用 I/O 引脚（19×4 mA，2×20 mA）；
- 看门狗定时器。

CC2530 的引脚定义如图 3-5 所示。

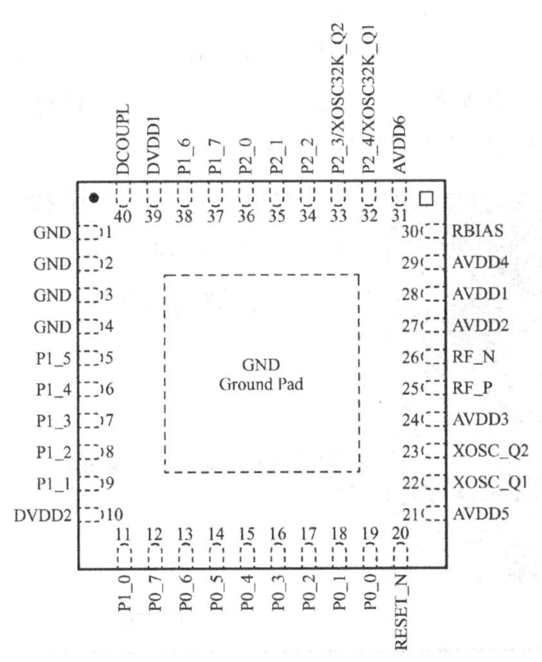

图 3-5　CC2530 的引脚定义

CC2530 的软件开发环境为 IAR 环境，相关使用方法可通过网络自行学习。推荐使用 CSDN（www.CSDN.net）学习。

3.2.2 下载仿真工具

在计算机中编译生成程序后还需要将可执行文件下载到微控制器中，这里使用 CC2530-DEBUG 下载仿真器。该仿真器通过 COM 口完成下载，但是当前很多计算机已经不再支持 COM 口而支持 USB 口。所以 CC2530-DEBUG 一般设计成含有 USB 硬件接口的，然后通过计算机中安装的 USB 口转 COM 口驱动程序将其模拟成 COM 口。

1. PL-2303 驱动程序的安装步骤

（1）双击 PL-2303 驱动程序图标，进入如图 3-6 所示的安装界面。

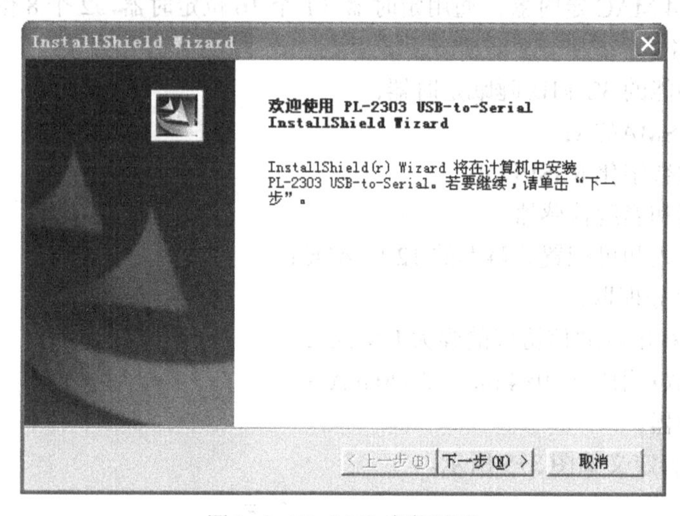

图 3-6　PL-2303 安装界面

（2）在如图 3-6 所示的界面中，单击“下一步”按钮，直到安装成功，弹出如图 3-7 所示的界面。单击图 3-7 界面中的“完成”按钮即可。

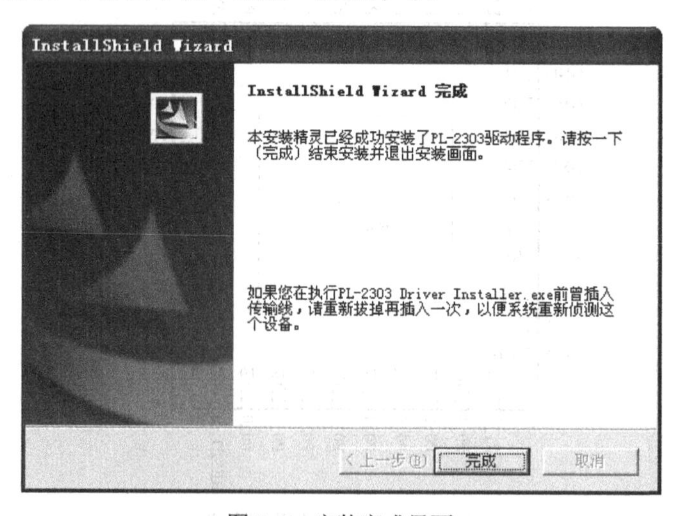

图 3-7　安装完成界面

（3）将协调器专用模块插入 PC 的 USB 口，右击“我的电脑”图标，选择“管理”命令，如图 3-8 所示。

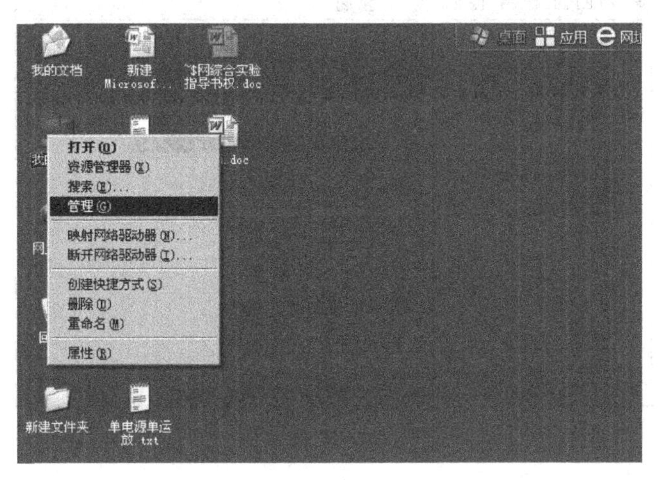

图 3-8　管理计算机硬件

（4）在图 3-8 所示界面的菜单中选择“管理”命令后，将显示如图 3-9 所示的界面。

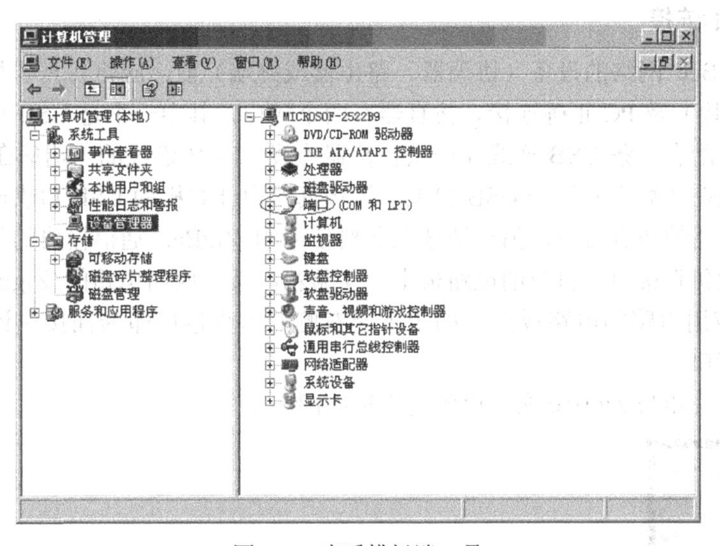

图 3-9　查看模拟端口号

（5）选择“设备管理器”，单击如图 3-9 所示界面中的“端口”前的“+”号，显示协调器所在的 COM 口。例如计算机上的串口映射在 COM2 口（视计算机情况而定），如图 3-10 所示。图 3-10 所示界面中出现 Prolific USB-to-Serial Comm Port (COM2) 提示信息，则说明所插接的协调器已经映射在 COM2 口，USB 转 COM2 口驱动程序已安装成功。

2. 仿真器说明

设置 ZigBee 网络中的任何一个设备（协调器、路由器或终端）均需使用 CC2530 仿真器，使用该仿真器可在计算机上看到设置的结果，并可将设置的参数写入 CC2530 单片机。

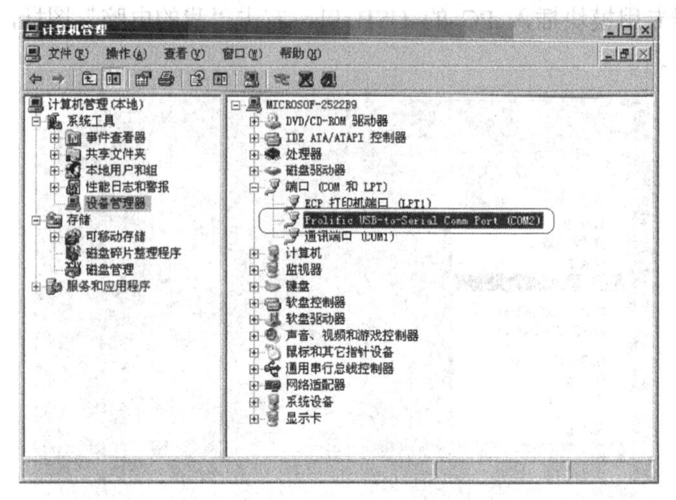

图 3-10　模拟端口

ZigBee 协调器的核心芯片是 CC2530 单片机，它是一个集成了 ZigBee 通信接口的单片机，该单片机是 51 单片机的核；因此，CC2530 仿真器实际是一个专用的 51 单片机仿真器。

3. 仿真器的连接

在设置 ZigBee 网络的设备（协调器、路由器或终端）前，应将仿真器与被设置的设备（ZigBee 通信模块）及 PC 正确连接。仿真器有两个接口，其中一个是 USB 口，另一个是仿真接口。仿真器配有一条 USB 连线和一条仿真器连线。USB 连线的一端插在仿真器的 USB 口上，另一端插在计算机的任一 USB 口上，该仿真器由计算机的 USB 口供电。仿真器连线的一端插入仿真器的仿真接口，另一端插入需要使用的 ZigBee 通信模块的仿真器接口，实验箱中协调器的仿真接口在自身的电路板上，实验箱内其他应用电路的 ZigBee 通信模块的仿真器接口在应用电路的电路板上，如传感器右侧的仿真接口即为插接在该传感器上的通信模块的仿真接口。

计算机、仿真器与 ZigBee 网络设备的连接如图 3-11 所示。

（a）协调器的连接　　（b）其他通信模块的连接

图 3-11　计算机、仿真器与 ZigBee 网络设备的连接

3.3　网络设备设置

ZigBee 网络有三种逻辑设备，即协调器（Coordinator）、路由器（Router）和终端（End-Device）。一般情况下一个 ZigBee 网络由一个协调器节点、若干个路由器节点和若干

个终端节点组成（星形网络拓扑结构除外）。

协调器的作用是创建和维护 ZigBee 网络，它是形成网络的第一个设备。ZigBee 网络中的协调器与路由器和终端的硬件电路并无区别，只是其软件设置有所不同。

协调器的设置内容包含网络拓扑结构、信道和网络标识（即网络号，PAN ID），也可使用默认值而省略设置，然后开始启动这个网络（各个节点上电即为启动）。一旦启动网络，在与协调器的有效通信距离范围内且设置了相同网络标识和信道的路由器和终端就会自动加入这个网络。

注意： 协调器的主要作用是建立和设置网络。网络一旦建立完成，该协调器的作用就与路由器相同，甚至可以退出这个网络（仅限于树形网络和网形网络）。

路由器在网络中起支持关联设备的作用，实现其他节点的消息转发功能。ZigBee 树形网络和网形网络可有多个 ZigBee 路由器，ZigBee 星形网络不支持路由器。

路由器的功能如下：

（1）使其子树中的设备（路由器或终端）加入这个网络；

（2）路由；

（3）辅助其子树终端的通信。

ZigBee 终端是具体执行数据传输的设备，不能转发其他节点的消息。因此，在不发送和接收数据时可以休眠，所以它可作为电池供电节点。

下面通过一个入门项目来实现 ZigBee 协调器。实验箱中的协调器模块（ZigBee 协调器与其他 ZigBee 通信模块的硬件并无差别，只是其中的软件设置有所不同）的外观如图 3-12 所示。

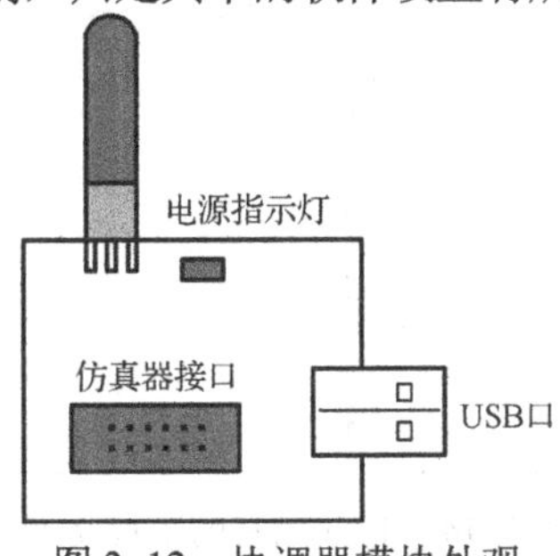

图 3-12　协调器模块外观

1. 硬件连接

（1）仿真器与协调器的连接：将仿真器连线的一端插入仿真器，另一端插入协调器模块的仿真器接口。

（2）仿真器与计算机的连接：将仿真器 USB 连线的一端插入仿真器，另一端插入计算机的 USB 口。

（3）协调器与计算机的连接：将协调器插接在计算机的任意一个 USB 口上，协调器模块由计算机的 USB 口供电。

2. 打开工程文件

双击 IAR 图标，打开 IAR 主界面，如图 3-13 所示。单击 File 选项卡，如图 3-14 所示。

在图 3-14 所示的界面中，选中 Open，单击 Workspace…，单击 SampleApp.eww，弹出如图 3-15 所示的对话框。

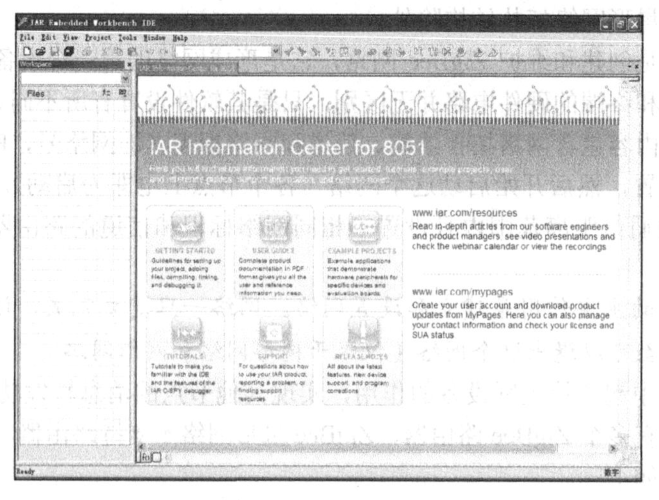

图 3-13　IAR 主界面

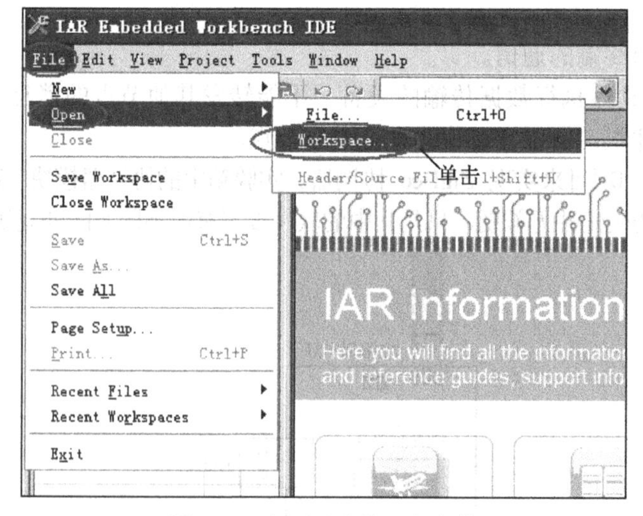

图 3-14　打开已有的工程文件

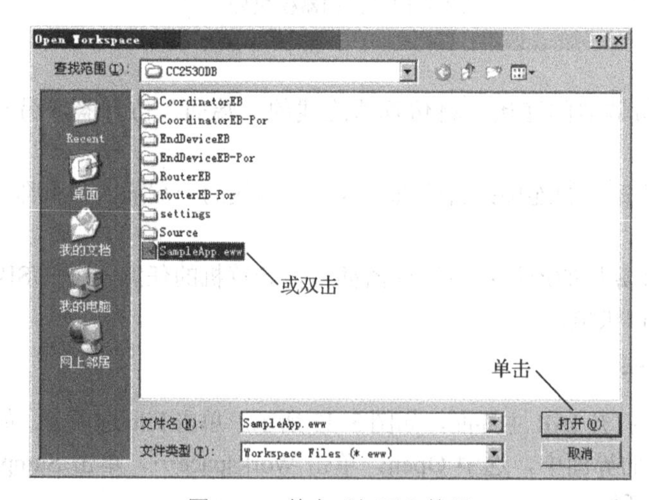

图 3-15　单击“打开”按钮

单击“打开”按钮后出现图 3-16 所示界面。

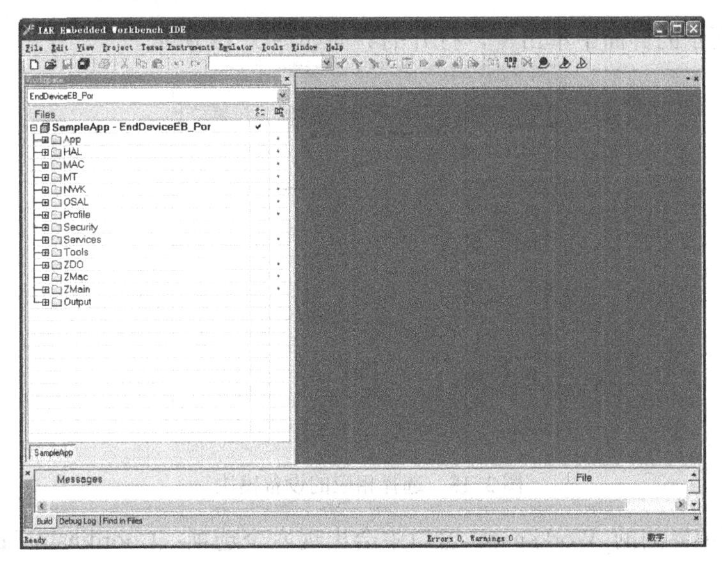

图 3-16　工程文件已加载

工程文件左侧的 Workspace 中显示了整个协议栈的文件结构，其中有很多文件夹（见图 3-17），如 App、HAL、MAC 等，这些文件夹对应 ZigBee 协议中不同的层。

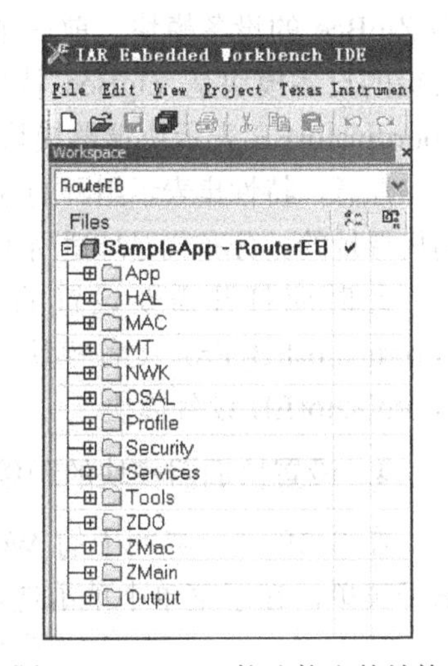

图 3-17　ZigBee 协议栈文件结构

App：应用层目录，这是用户创建各种不同工程的区域。这个目录中包含了应用层的内容和这个项目的主要内容。在协议栈中一般以操作系统的任务实现。

HAL：硬件层目录，包含与硬件相关的配置和驱动级操作函数。

MAC：MAC 层目录，包含了 MAC 层的参数配置文件及 MAC 的 LIB 库的函数接口文件。

MT：通过串口可控制各层，并与各层进行直接交互。

NWK：网络层目录，包含网络层配置参数文件和网络层库的函数接口文件及 APS（应用支持子层）层库的函数接口。

OSAL：协议栈的操作系统。

Profile：AF 层目录，包含 AF 层处理函数。

Security：安全层目录，包含安全层处理函数，如加密函数等。

Services：地址处理函数目录，包含地址模式的定义及地址处理函数。

Tools：工程配置目录，包含空间划分及 Z-Stack 相关配置信息。

ZDO：ZigBee 设备对象。

ZMac：包含了 MAC 层的参数配置文件及其 MAC 的 LIB 库的函数回调处理函数。

ZMain：主函数目录，包含入口函数及硬件配置文件。

3. 选择协调器设备模块

在图 3-17 所示的界面中单击▼，打开的界面如图 3-18 所示。

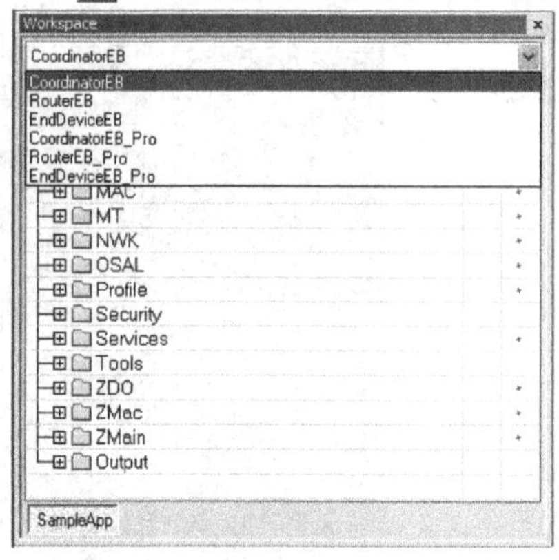

图 3-18　选择相应的设备模块

图 3-18 所示界面的 Workspace 窗口中会出现六个选项：CoordinatorEB、RouterEB、EndDeviceEB、CoordinatorEB_Pro、RouterEB_Pro、EndDeviceEB_Pro，以上六个选项统称为 ZigBee 的设备模块。前三个设备模块无_Pro 后缀，后三个设备模块有_Pro 后缀。无_Pro 后缀的设备模块是 ZigBee 特性集，有_Pro 后缀的设备模块是 ZigBee-Pro 特性集。其中，CoordinatorEB 表示协调器模块，RouterEB 表示路由器模块，EndDeviceEB 表示终端模块。

注意，特性集表示组网的寻址方式，ZigBee 特性集为分布式寻址的，ZigBee-Pro 特性集为随机寻址的。分布式寻址适用于星形或树形网络结构，随机寻址适用于网形网络结构。

此时应打开需要设置的设备模块。设置协调器模块则需要打开 CoordinatorEB 或 CoordinatorEB_Pro 设备模块。目前只要求设置 ZigBee 特性集的协调器，因此需要打开 CoordinatorEB 设备模块。

4. 设置协调器模块的预编译选项

在 3-19 所示界面中的 Workspace 窗口中，右击 SampleApp-CoordinatorEB 工程名，弹出子菜单，在子菜单中单击选项 Options，出现图 3-20 所示的工程选项界面。

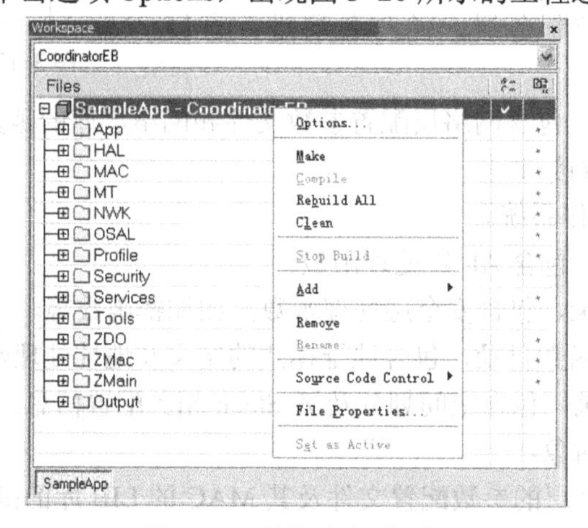

图 3-19　预编译选项操作

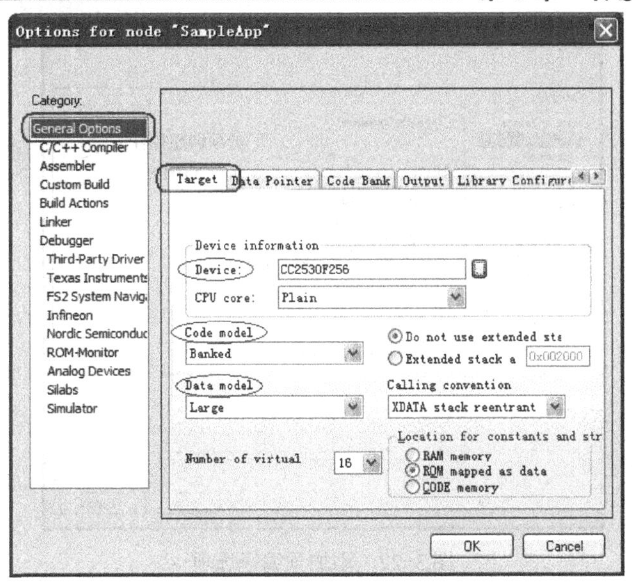

图 3-20　工程选项界面

在图 3-20 所示的界面中单击 General Options ，在 Target 中选择单片机型号。因选用的设备模块为 CC2530F256，则应选择 Device: CC2530F256，程序模式（Code model）应选择 Banked，数据模式（Data model）应选择 Large。选择 Banked 模式表示代码存储在分页存储区，选择 Large 模式表示数据变量优先存储 xdata。

以上选项选定后，单击 C/C++ Compiler，如图 3-21 所示，再单击 Preprocessor，则打开如图 3-22 所示的界面，在 Preprocessor 选项中的 Defined symbols 文本框中添加相关的预编译选项。

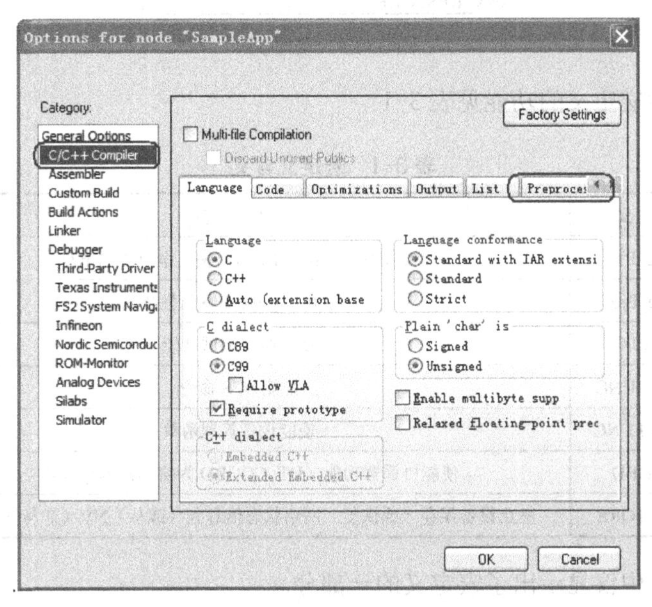

图 3-21　C/C++ Compiler 选项界面

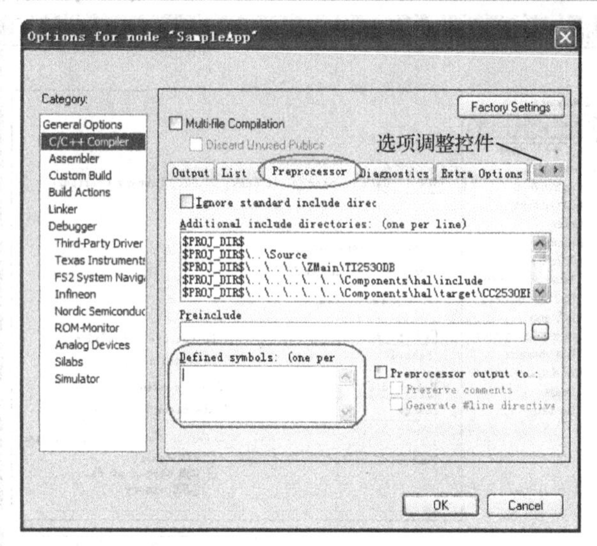

图 3-22　添加预编译选项

输入协调器预编译定义，输入宏定义如图 3-23 所示。

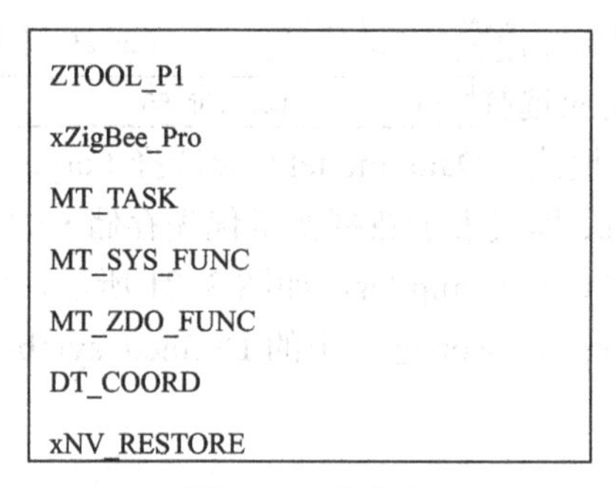

图 3-23　宏定义

图 3-23 中各项宏定义的功能见表 3-1。

表 3-1　宏定义含义

宏　定　义	功　　能
ZTOOL_P1	设置串口位置在 P1 口，使用串口传输信息
xZigBee_Pro	禁止 ZigBee-Pro 特性集
MT_TASK	使能监视测试功能
MT_SYS_FUNC	使能 SYS 命令
MT_ZDO_FUNC	使能设备管理函数
DT_COORD	使能协调器功能（DT_COORD 为协调器编译选项）
xNV_RESTORE	禁止设备保存（或恢复）网络状态信息到（或从）NV（非易失存储）

注意，图 3-23 中仅显示出了宏定义的一部分。

说明：如果设备模块选择 CoordinatorEB_Pro，则需加入 ZigBee_Pro；否则，将屏蔽 ZigBee_Pro 功能。xZigBee_Pro 宏定义前加 x 表示屏蔽此定义。

注： 表 3-1 中第二个宏定义和第七个宏定义中的第一个字母“x”为小写英文字母，其作用是禁止此功能，和直接删除这一行的功能相同。事实上，加任何字母均可禁止此功能，加 x 是为了便于记忆。

协调器预编译设置完成界面如图 3-24 所示。输入完毕后单击 OK 按钮即可。

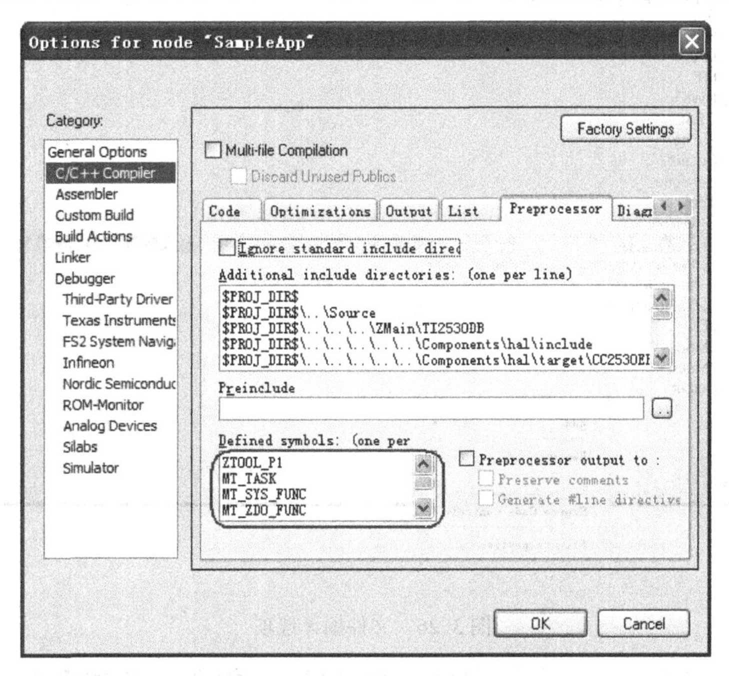

图 3-24　协调器预编译设置完成界面

5. 设置协调器预编译文件

选择预编译文件界面如图 3-25 所示，f8wCoord.cfg、f8wRouter.cfg 和 f8wEndev.cfg 分别用来设置协调器、路由器和终端，可将某个通信模块编译成其中的一种设备（仅能定义为一种设备）。目前需要设置一个协调器。设置协调器需选用 f8wCoord.cfg，设置路由器需选用 f8wRouter.cfg，设置终端需选用 f8wEndev.cfg，可以在协议栈 Tools 文件夹里找到这几个文件。设置时需右击相应的文件，弹出的对话框如图 3-26 所示。选择 Options 选项，弹出图 3-27 所示的对话框。若选择 Exclude from build 前的方框☑，则不编译该文件，该文件为灰色显示；若不选，则编译该文件。设置完成后单击 OK 按钮。

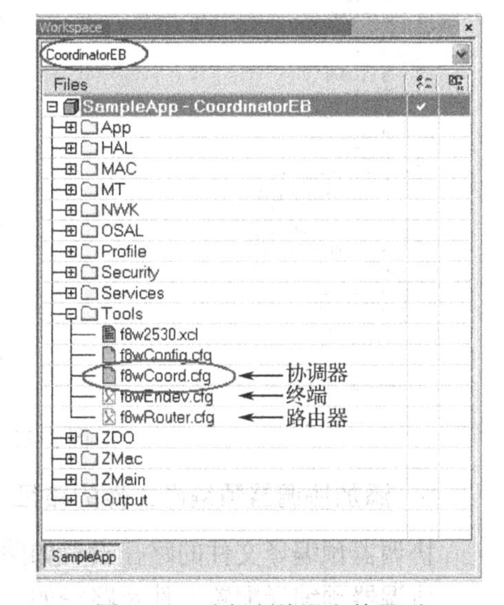

图 3-25　选择预编译文件界面

如图 3-25 所示的协调器设置，f8wCoord. cfg 为亮色显示，表示在编译工程时会编译 f8wCoord.cfg 文件；f8wRouter.cfg 和 f8wEndev. cfg

为灰色显示，表示在编译工程时不会编译 f8wRouter.cfg 和 f8wEndev.cfg 这两个文件。

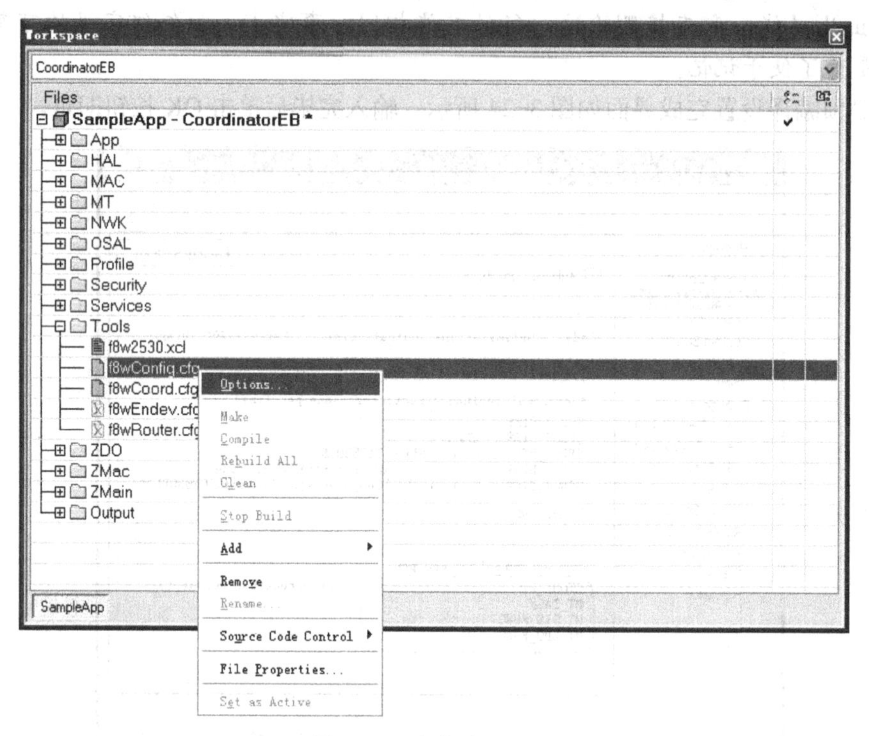

图 3-26　文件编译选项

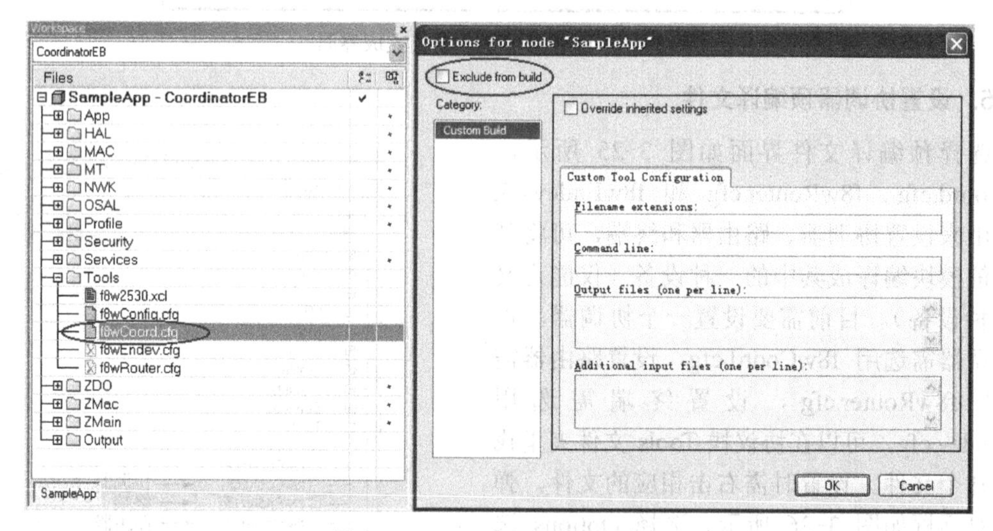

图 3-27　Exclude from build 选项

6. 添加协调器预编译文件的路径

协调器预编译文件的路径设置如图 3-28 所示。

协调器预编译配置文件及路径如下：

-f $PROJ_DIR$\..\..\..\Tools\CC2530DB\f8wCoord.cfg;

-f $PROJ_DIR$\..\..\..\Tools\CC2530DB\f8wConfig.cfg。

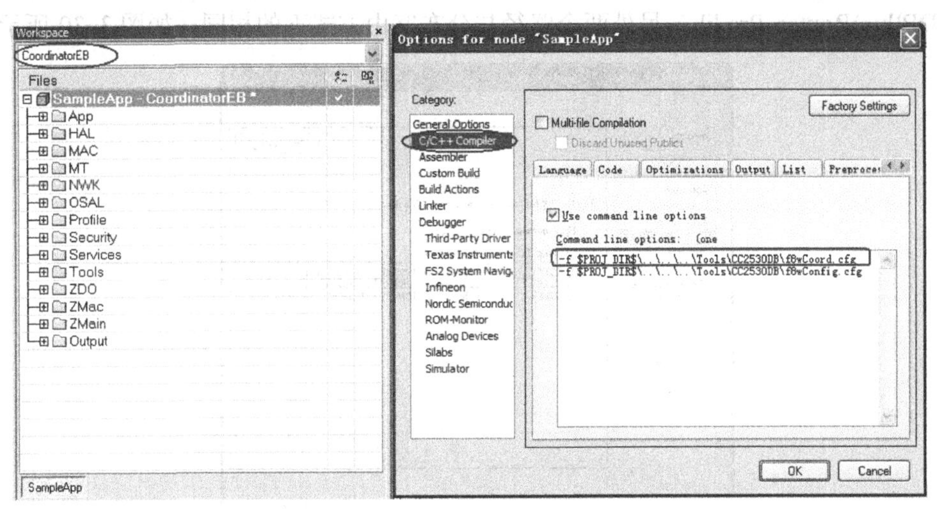

图 3-28　协调器预编译文件的路径设置

7. 设置协调器连接库文件路径

在 Workspace 窗口中，右击工程文件，在弹出的菜单中选择 Options，弹出 Option for node“SampleApp”对话框，打开 Extra Options 选项卡，如图 3-29 所示。

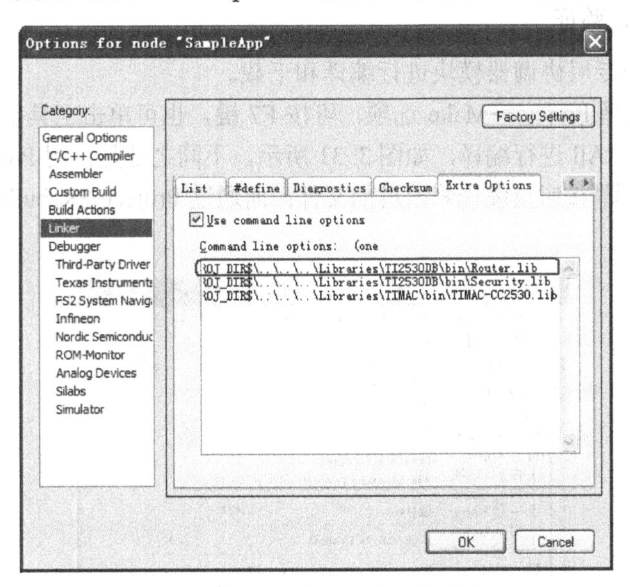

图 3-29　协调器连接库文件路径的设置（一）

如果选择分布式路由方式（ZigBee 特性集），则协调器分布式路由方式的连接库文件及其路径如下：

-C $PROJ_DIR$\..\..\..\Libraries\TI2530DB\bin\Router.lib；

-C $PROJ_DIR$\..\..\..\Libraries\TI2530DB\bin\Security.lib；

-C $PROJ_DIR$\..\..\..\Libraries\TIMAC\bin\TIMAC-CC2530.lib。

将协调器分布式路由方式的连接库文件及其路径填写到如图 3-29 所示的界面中。

如果选择自动路由方式（ZigBee-Pro 特性集），则选择-C $PROJ_DIR$\..\..\..\Libraries\

TI2530DB\bin\Router-Pro.lib，另外两个路径与分布路由方式下的相同，如图 3-30 所示。

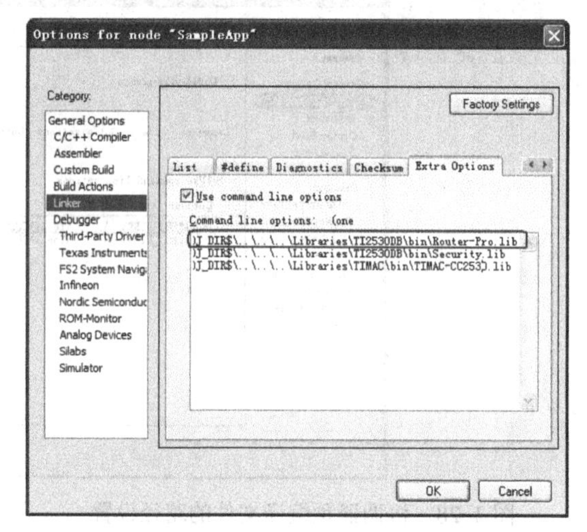

图 3-30　协调器连接库文件路径的设置（二）

至此就完成了 ZigBee 协议栈设备类型的设置。路由器与终端的配置与此基本相同，不再赘述。

8. 编译、下载、验证

硬件说明：选用专用协调器模块进行编译和下载。

编译工程：可选择 Project→Make 选项，可按 F7 键，也可单击工具条上的按钮，也可通过 Project→Rebuild All 进行编译，如图 3-31 所示。不同之处是：用 Project→Make 或按 F7 键或单击工具条上的按钮只编译修改过的文件；而通过 Project→Rebuild All 则对所有文件进行编译。

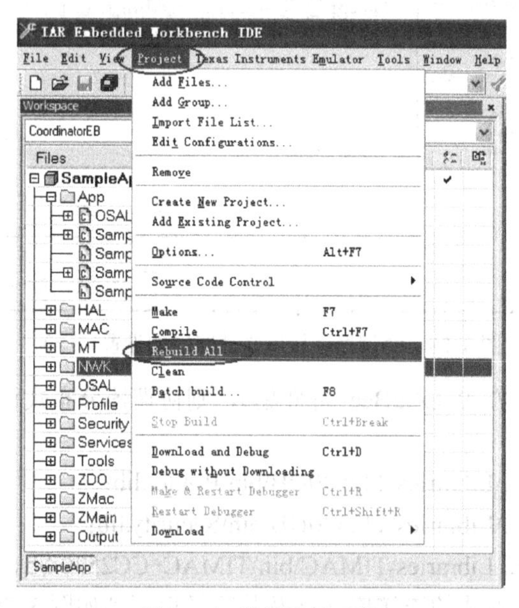

图 3-31　编译链接工程

特别指出，Z-Stack 是有 TI 公司免费提供的 ZigBee 协议栈，并且附带例程。该例程代码量级为百万数量级。但是与用户相关的应用层代码非常少，用户使用该协议栈时，在不改动硬件的情况下，只需要仿照例程中的应用层代码实现自己的函数功能即可，具体方法见后续章节。

编译后的程序只要没有错误就可正常运行，一般警告可以忽略。如果编译没有出现错误，就可将程序下载到单片机中。编译完成界面如图 3-32 所示。

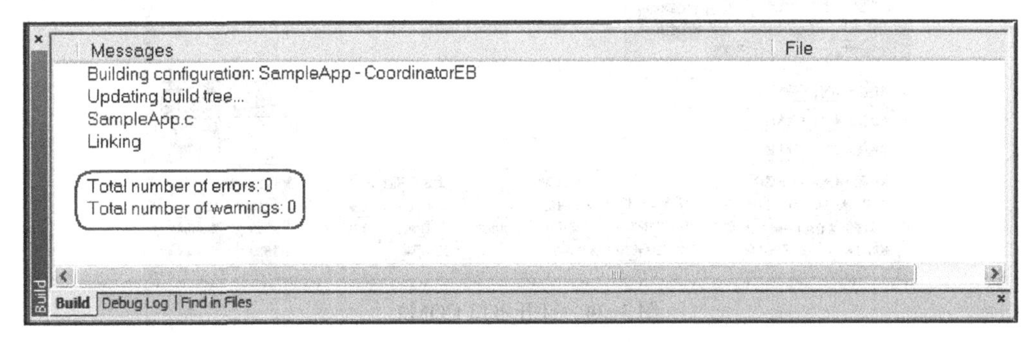

图 3-32　编译完成界面

下载程序之前，应首先打开“串口助手”或相关工具，以通过串口观察协调器的输出。串口调试软件界面如图 3-33 所示。

图 3-33　串口调试软件界面

端口选择协调器映射的 COM 口，此处是 COM2，波特率选择 38400bps（与协调器一致），数据位为 8 位，校验位为“无”，停止位为 1。若不选择“16 进制”复选框，则显示框中显示的是汉字；若选择“16 进制”复选框，则显示框中显示的是十六进制数。单击“清空接收区”按钮和“清空计数”按钮，清空接收区，并单击“打开串口”按钮，如图 3-34 所示。

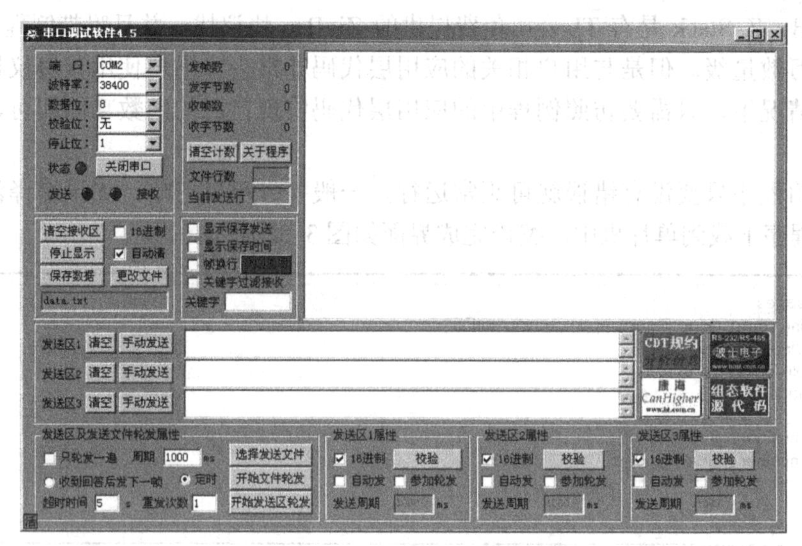

图 3-34　打开串口 COM2

以上过程完成串口设置。

程序下载：将协调器模块 USB 口与 PC 的 USB 口连接，进行编译下载。按相关要求下载程序到协调器 CC2530 单片机中：按 CC2530 仿真器上的复位键，选择 Project→Debug 或按 CTRL+D 组合键或单击工具栏上的按钮。待程序下载完成后，IAR 会自动跳转至仿真调试模式，如图 3-35 所示，此时可单击按钮运行程序。

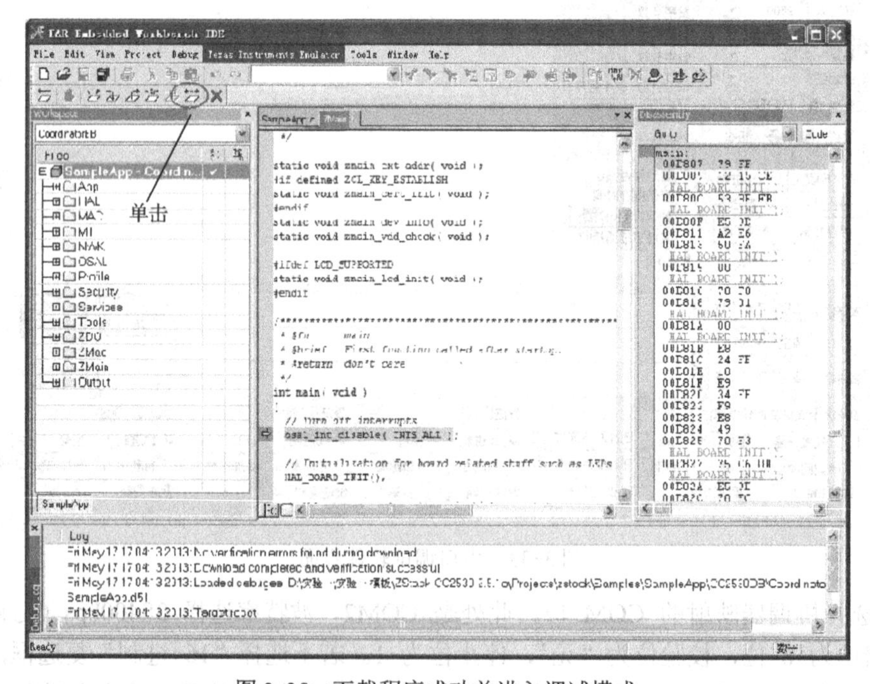

图 3-35　下载程序成功并进入调试模式

程序运行后，可以在串口助手软件（如“串口调试软件”）的接收区显示结果，如图 3-36 所示。

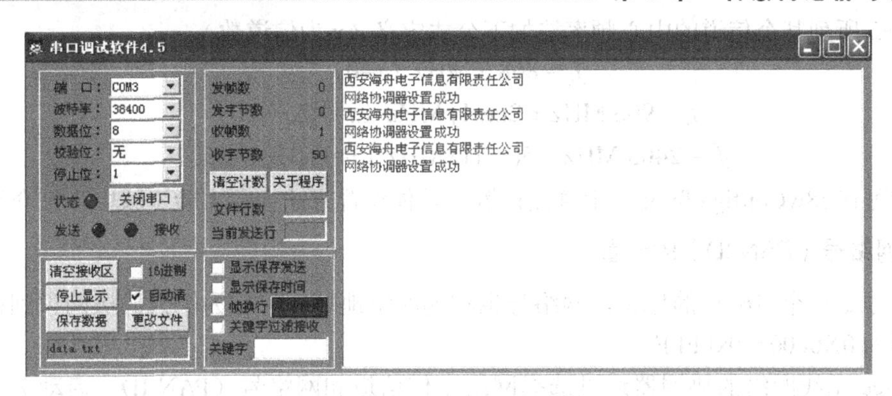

图 3-36　协调器建立成功

此时 ZigBee 网络的协调器已设置成功。回到工程菜单，准备设置路由器；设置路由器时不再需要对串口做任何设置。路由器、终端节点的设置方法与此类似。

协调器设置流程图如图 3-37 所示。

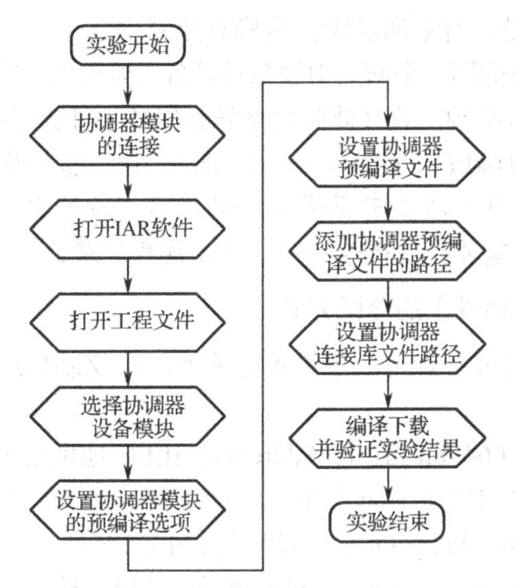

图 3-37　协调器设置流程图

3.4　信道与网络名称设置

1. 信道设置

ZigBee 信道编号与频率对应关系见表 3-2。

表 3-2　ZigBee 信道编号与频率对应关系

信 道 编 号	中心频率/MHz	信道间隔/MHz	频率上限/MHz	频率下限/MHz
x=0	868.3	—	868.6	838
x=1,2,…,10	906+2(x−1)	2	928	902
x=11,12,…,26	2405+5(x−11)	5	2483.5	2400

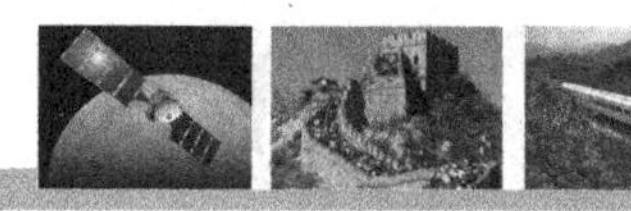

表 3-2 所列某个信道的中心频率按如下公式定义（x 为信道数）：

$$f_c = 868.3\ \text{MHz}\ (x=0)$$

$$f_c = 906\ \text{MHz} + 2(x-1)\ \text{MHz}\ (x=1,2,\cdots,10)$$

$$f_c = 2405\ \text{MHz} + 5(x-11)\ \text{MHz}\ (x=11,12,\cdots,26)$$

信道可在 f8wConfig.cfg 文件中直接设置，具体设置方法会在实验步骤中详细介绍。

2. 网络号（PAN ID）的设置

网络号是一个 16 位的标识，网络号也称为网络地址（也称为个人局域网识别标志），设置范围为 0X0000～0xFFFF。

ZigBee 无线网络的协调器通过选择网络工作信道和网络号（PAN ID）启动 ZigBee 无线网络。如果未设置网络号，则 PAN ID 的默认值为 0xFFFF。事实上，会随机产生一个网络号并建立网络。如果设置为一个非 0xFFFF 网络号，则按照设定的网络号建立网络。

当 ZigBee 无线网络的路由器或终端的网络号设置为默认的 0xFFFF 时，此节点会自动加入附近现有的网络。如果将某节点设定为一个非 0xFFFF 的网络号，则该节点会加入相同网络号的网络（前提条件是在有效通信距离内确有此网络）。

需要注意的是，所设置的同一个网络中的各种设备（协调器、路由器或终端）的网络号必须一致，各个设备的信道号必须一致（此时网络号和信道号可选用不同的数值）。如果各设备的网络号不一致（网络号为 0xFFFF 除外）或信道号不一致，那么设备将不能加入该网络。

注：网络号一致是指同一网络中不同设备的网络号要一致，不是网络号与信道号一致，不能理解为网络号=信道号。信道号一致也可以这样理解。

3. 网内地址（也叫短地址）的分配方式

在网络中进行通信，需要标识每一个设备的地址，在 ZigBee 无线网络中，设备地址有以下两种：

（1）64 位 IEEE 地址（64-bit IEEE Address）：IEEE 地址是 64 位的，而且是全球唯一的。每个 CC2530 单片机的 IEEE 地址在出厂时已经被定义。当然，在用户学习阶段，可以通过编程软件 SmartRF Flash Programmer 修改设备的 IEEE 地址（本实验未使用该软件，有关该软件请查阅有关资料）。64 位 IEEE 地址又被称为 MAC 地址（MAC Address）或扩展地址（Extended Address）。

（2）16 位网络地址（16-bit Network Address）：网络地址为 16 位的，该地址是在设备加入网络时按照一定的算法计算得到的，并被分配给加入网络的设备。网络地址在某个网络中是唯一的，16 位网络地址有两个功能：①在网络中标识不同的设备；②在网络数据传输中指定目的地址和源地址。

16 位 IEEE 地址又称为逻辑地址（Logical Address）或短地址（Short Address）。ZigBee 网络中的地址类型见表 3-3。

表 3-3　ZigBee 网络中的地址类型

地址类型	位　数	别　称
IEEE 地址	64 bit	MAC 地址：MAC Address
		扩展地址：Extended Address
网络地址	16 bit	逻辑地址：Logical Address
		短地址：Short Address

当设备加入网络时，按照一定的算法计算得到网络地址并将其分配给加入网络的设备。

4. ZigBee 无线网络的地址分配机制（原理）

ZigBee 有两种地址分配机制：分布式分配机制（ZigBee 特性集）和随机分配机制（ZigBee-Pro 特性集）。

（1）分布式分配机制（仅支持星形网、树形网）。

ZigBee 使用分布式寻址方案来分配网络地址。该方案保证在整个网络中所有分配的地址都是唯一的，这样，一个特定的数据包就能被发给它指定的设备，而不出现混乱。协调器在建立网络以后将 0X0000 作为自己的网内地址，路由器和终端加入网络后，使用父设备给它们分配 16 位网内地址。具体分配方式是在某节点加入网络之前，寻址方案需要知道和设置一些参数。这些参数是 NWK_MAX_DEPTH（网络最大深度）、NWK_MAX_ROUTERS（网络中一个节点可直接连接路由器的最大个数）和 NWK_MAX_CHILDREN（网络中一个节点可直接连接子节点数的最大个数，又称为最大孩子数或最大子节点数），这三个参数在文件“nwk_globals.h”中进行定义。

以上三个参数是协议栈设置的一部分，ZigBee 协议栈已经默认了这些参数的值：NWK_MAX_DEPTH = 5，NWK_MAX_ROUTERS = 6 和 NWK_MAX_CHILDREN = 20。

NWK_MAX_DEPTH 决定了网络最大深度。协调器（Coordinator）位于深度为 0 的层，它的子位于深度为 1 的层，子的子位于深度为 2 的层，以此类推。MAX_DEPTH 参数（网络层数）是网络结构的概念，网络层数越多，通信速度就越低，但在客观上为延长通信距离创造了条件。

NWK_MAX_CHILDREN 决定了一个路由器（Router）或一个协调器可以处理的子节点的最大个数。

NWK_MAX_ROUTERS 决定了一个路由器（Router）或一个协调器（Coordinator）可以处理的具有路由功能的子节点的最大个数。这个参数是 NWK_MAX_CHILDREN 的一个子集，终端使用（NWK_MAX_CHILDREN-NWK_MAX_ROUTER）剩下的地址空间。

注：对用户来说，多数情况下不需要修改这几个参数。

（2）随机分配机制（仅支持网形网）。

随机分配机制中地址随机选择。在这种情况下，NWK_MAX_ROUTERS 的值无意义，随机地址分配应符合 NIST（随机数测试）终端描述。当一个设备加入网络时，使用的是物理地址（64 位 MAC 地址）。其父设备应选择一个尚未分配过的随机地址。设备地址一旦确定则不可随意改变，并予以保留（断电后不予保留），除非它收到其地址与另一个设备冲突的声明。此外，设备可能自我指派随机地址，如通过加入命令帧来加入一个网络。

3.5 组建星形网络

下面来组建一个简单的星形网络。该网络由 1 个协调器和 4 个终端组成，具体见表 3-4。其网络结构如图 3-38 所示。

本实验需要设置 5 个 ZigBee 节点，1 个为协调器，4 个为终端；协调器和终端的设置过程基本相同，只是在选择设备时有所不同。如果设置的是协调器，则选择的设备为协调器；如果设置的是终端，则选择的设备为终端。本实验以协调器设置为例进行介绍，终端

配置与此类似。

表 3-4　ZigBee 节点类型说明

实验硬件资源	节点说明
专用协调器模块	协调器
温/湿度传感器节点模块	终端
热释电传感器节点模块	终端
继电器传感器节点模块	终端
语音传感器节点模块	终端

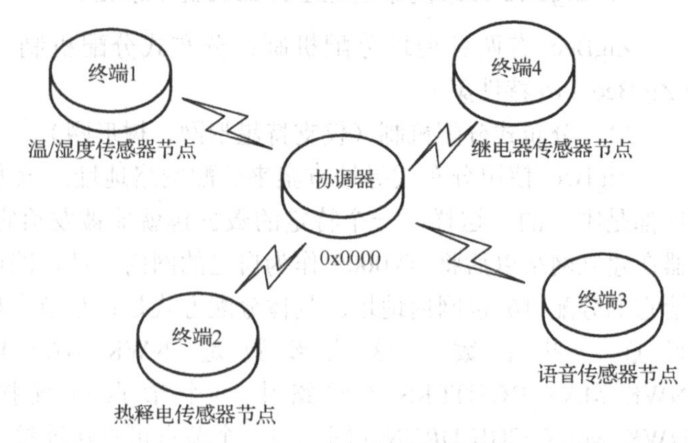

图 3-38　ZigBee 星形网络结构

由于本实验的终端被分配给了 4 个传感器上插接的 ZigBee 通信模块，实验时不需要拔下该 ZigBee 通信模块，该 ZigBee 通信模块的仿真接口在通信模块下方传感器的右侧，而通信模块的串口在传感器的左部或右部（放置在箱内左侧的传感器的串口在左侧，反之在右侧）。在设置 ZigBee 通信模块并下载程序时，既可由仿真器供电（电源来自计算机的 USB 口），也可由对应的传感器供电；如果由仿真器供电，则可不打开传感器的电源开关。

3.5.1　设置信道

首先，打开“SampleApp.eww”工程。设置该节点为协调器（Coordinator），协调器模块设置与前述相同，过程不再重复。

1. 信道的设置

如图 3-39 所示，工程 Tools 目录内的相关文件需要修改，双击打开 f8wConfig.cfg 文件。

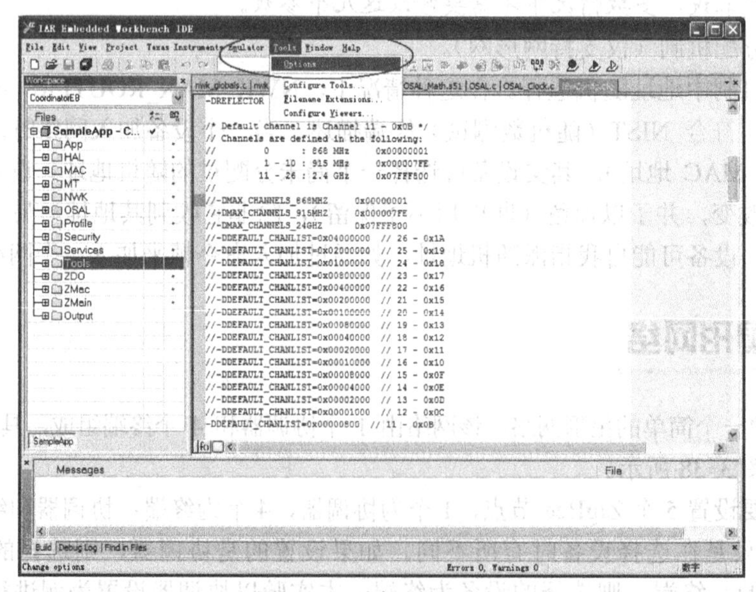

图 3-39　选择 Options...

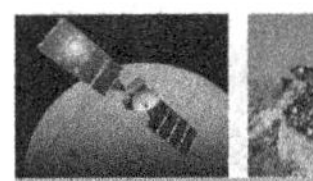

为了便于说明，补充一下 IAR 设置显示行号操作知识。在菜单栏的 Tools 菜单中选择 Options 命令。在弹出的对话框中选择 Editor，勾选 Show line numbers 复选框，然后单击“确定”按钮，如图 3-40 所示。

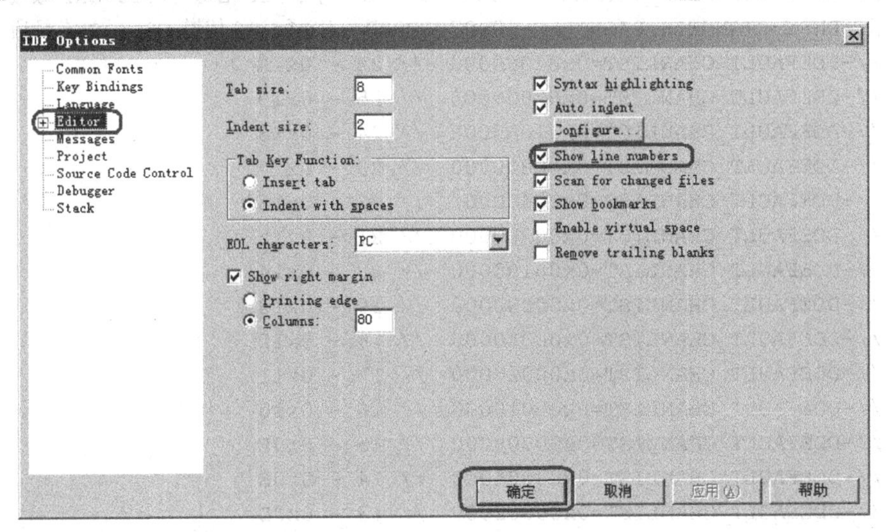

图 3-40　设置显示行号

在图 3-41 所示界面中，双击 f8wConfig.cfg 文件，在右侧的 f8wConfig.cfg 窗口内出现需要设置的程序段。

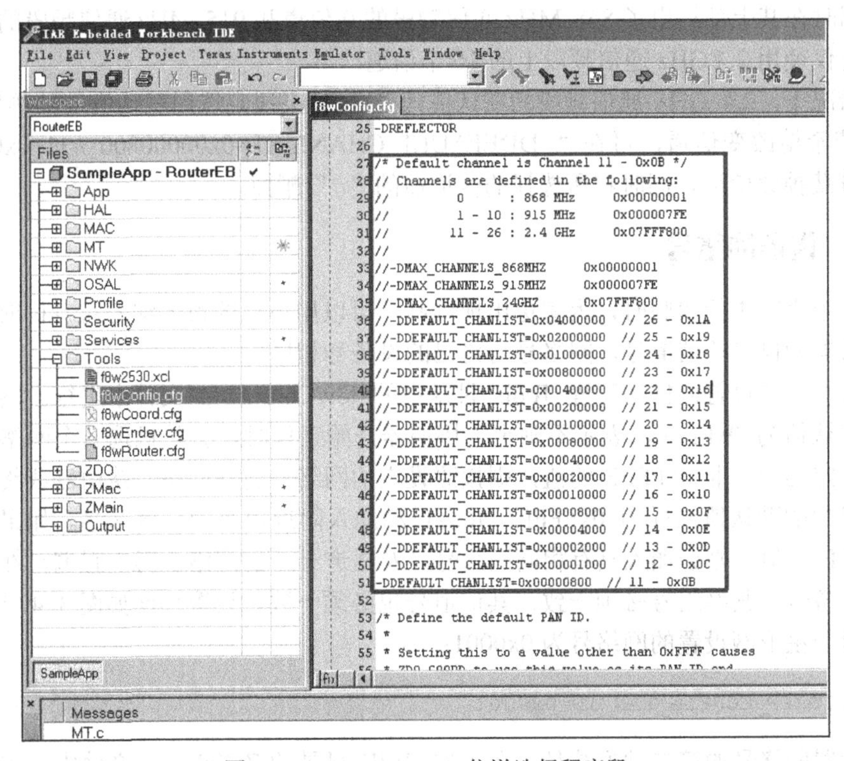

图 3-41　f8wConfig.cfg 信道选择程序段

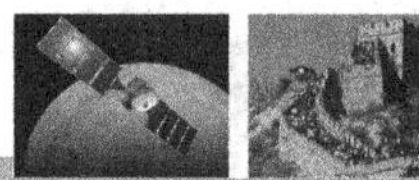

图 3-41 所示界面中的信道选择程序段如下：

```
//-DMAX_CHANNELS_868MHZ     0x00000001  // 0 信道  868 MHz 频段
//-DMAX_CHANNELS_915MHZ     0x000007FE  //1～10 信道  915 MHz 频段
//-DMAX_CHANNELS_24GHZ      0x07FFF800  //11～26 信道  2.4 GHz 频段
//-DDEFAULT_CHANLIST=0x04000000  // 26 - 0x1A
//-DDEFAULT_CHANLIST=0x02000000  // 25 - 0x19
//-DDEFAULT_CHANLIST=0x01000000  // 24 - 0x18
//-DDEFAULT_CHANLIST=0x00800000  // 23 - 0x17
//-DDEFAULT_CHANLIST=0x00400000  // 22 - 0x16
//-DDEFAULT_CHANLIST=0x00200000  // 21 - 0x15
//-DDEFAULT_CHANLIST=0x00100000  // 20 - 0x14
//-DDEFAULT_CHANLIST=0x00080000  // 19 - 0x13
//-DDEFAULT_CHANLIST=0x00040000  // 18 - 0x12
//-DDEFAULT_CHANLIST=0x00020000  // 17 - 0x11
//-DDEFAULT_CHANLIST=0x00010000  // 16 - 0x10
//-DDEFAULT_CHANLIST=0x00008000  // 15 - 0x0F
//-DDEFAULT_CHANLIST=0x00004000  // 14 - 0x0E
//-DDEFAULT_CHANLIST=0x00002000  // 13 - 0x0D
//-DDEFAULT_CHANLIST=0x00001000  // 12 - 0x0C
-DDEFAULT_CHANLIST=0x00000800    // 11 - 0x0B
```

上述代码中从第四行开始是协议栈给出的 2.4 GHz 通信频段上的 16 个信道，信道号为 11～26。同时在其上部给出了 868 MHz 通信频段的 0 信道和 915 MHz 通信频段的 1～10 信道。实验中仅使用 2.4 GHz 通信频段上的 16 个信道。

一般情况下，2.4 GHz 通信频段的默认值为 11，如果决定选用默认值 11，则不需要进行改变。若希望改变信道，可在“-DDEFAULT_CHANLIST=0x00000800 //11-0x0B”前加“//”即可屏蔽掉该信道，同时将所选择的信道前的“//”删掉。

3.5.2 设置网络号

在同一个空间进行实验时，为避免出现混乱，可以用自己的设备编号对 11 取模再加上 11，将此结果为自己的信道号，网络号与自己的设备号相同。

（1）网络号的设置同样在工程 Tools 目录中的 f8wConfig.cfg 文件中进行。网络号在协议栈中的默认值为 0xFFFF，表示不确定。协调器开始工作时，会随机选一个网络号建立网络。如果设定为一个非 0xFFFF 的值，则按照设定的网络号建立网络。路由器或终端的网络号在协议栈中的默认值同样为 0xFFFF，并会自动加入附近现有的任意网络。如果设定为一个非 0xFFFF 的值，则会加入具有相同网络号（及信道号）的网络。再次强调，在设置同一个网络的设备时，其网络号必须一致，其信道号也必须一致。设置界面如图 3-42 所示。

本实验的星形网设置的网络号为 0x0001：

```
-DZDAPP_CONFIG_PAN_ID=0x0001
```

（2）设置网络号的第二种方法是：在工程 NWK 目录的 ZGlobals.c 文件中，屏蔽掉默认的那一行。

```
uint16 zgConfigPANID = ZDAPP_CONFIG_PAN_ID;
```

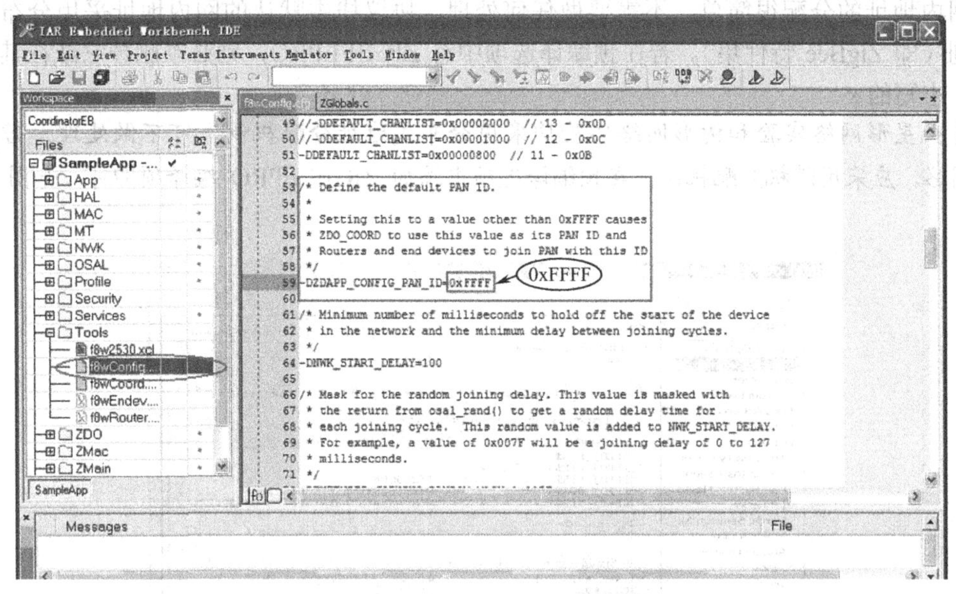

图 3-42　在 f8wConfig.cfg 中设置网络号

重新给 zgConfigPANID 赋值，所赋的值即为新的网络号。例如，设置网络号为 0X0001，则输入以下代码设置网络号：

```
uint16 zgConfigPANID =0x0001;
```

设置界面如图 3-43 所示。

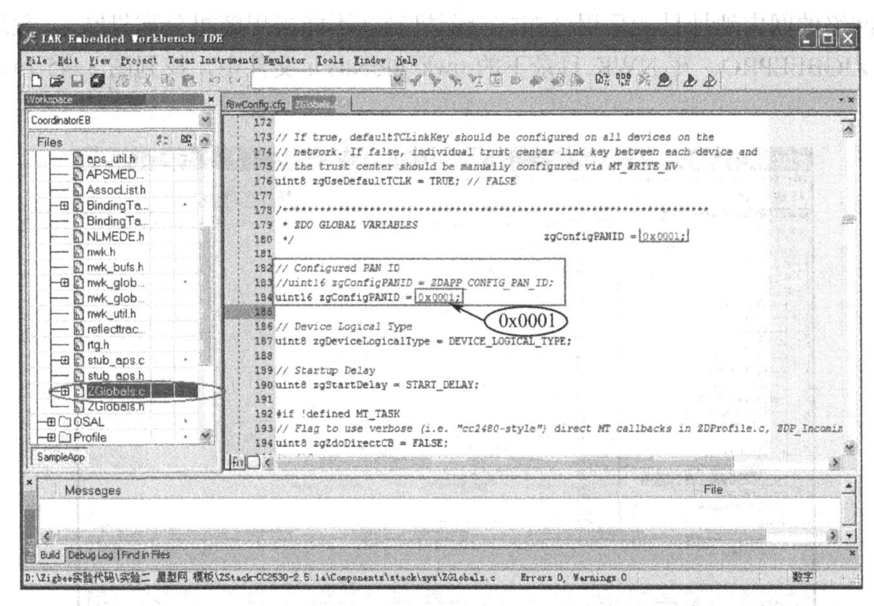

图 3-43　直接给 zgConfigPANID 赋值设置网络号

3.5.3 网内地址分配

网内地址的分配很简单，不需要做任何处理，协议栈中默认的网内地址采用分布式分配机制（即 ZigBee 特性集）。若在预编译选项中有 ZIGBEEPRO，则必须删掉它或在其前面加一个小写的 x。

注：星形网络实验和树形网络实验均采用分布式地址分配机制，可不做处理。若设置网形网络，应采用随机分配机制，在预编译选项中添加 ZIGBEEPRO 编译项即可，如图 3-44 所示。

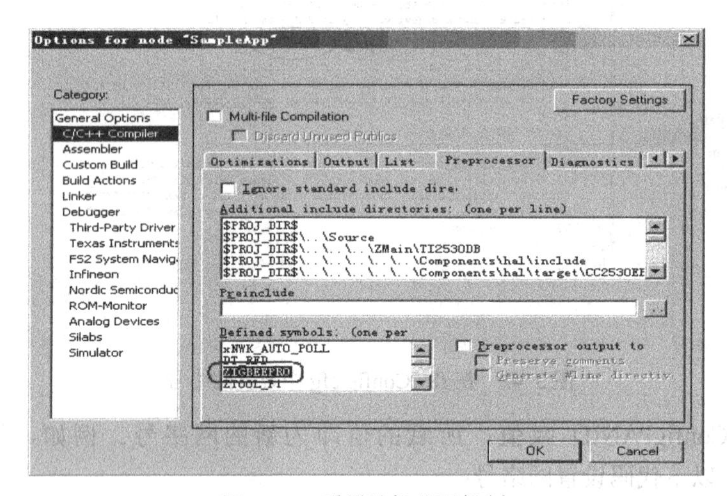

图 3-44　采用随机分配机制

3.5.4 设置拓扑结构

星形网络的网内地址只能采用分布式分配机制（不能采用随机分配机制），预编译中不需要定义 ZIGBEEPRO。在 NWK 目录下的 nwk_globals.h 文件中，找到图 3-45 所示界面中的代码：

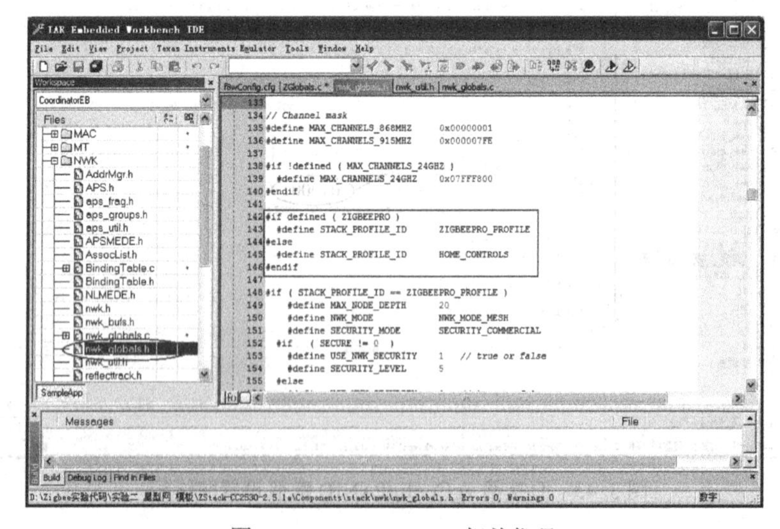

图 3-45　ZIGBEEPRO 相关代码

```
#if defined ( ZIGBEEPRO )
  #define STACK_PROFILE_ID      ZIGBEEPRO_PROFILE
#else
  #define STACK_PROFILE_ID      HOME_CONTROLS
#endif
```

预编译中，如果未定义 ZIGBEEPRO，则选择 ZigBee 特性集。#define STACK_PROFILE_ID HOME_CONTROLS 确定了组网类型为 HOME_CONTROLS。

在 nwk_globals.h 文件的第 160 行，修改网络最大深度和安全等级。

```
#elif ( STACK_PROFILE_ID == HOME_CONTROLS )
    #define MAX_NODE_DEPTH        5
    #define NWK_MODE              NWK_MODE_MESH
    #define SECURITY_MODE         SECURITY_COMMERCIAL
#if   ( SECURE != 0  )
    #define USE_NWK_SECURITY      1   // true or false
    #define SECURITY_LEVEL        5
#else
    #define USE_NWK_SECURITY      0   // true or false
    #define SECURITY_LEVEL        0
#endif
```

设置网络最大深度 MAX_NODE_DEPTH 值为 5。未使用和设置安全等级 USE_NWK_SECURITY 值为 0，SECURITY_LEVEL 值为 0。

在 nwk_globals.h 文件的第 226 行，设置最大子节点数。

```
// Maximum number in tables
#if !defined( NWK_MAX_DEVICE_LIST )
    #define NWK_MAX_DEVICE_LIST      20 // Maximum number of devices in
                                        // the Assoc/Device list.
#endif
```

定义 NWK_MAX_DEVICE_LIST 值为 20，表示最多可有 20 个子节点。

在 nwk_globals.h 文件的第 235 行，设置最大路由数为 6。

```
//  NWK_MAX_DEVICE_LIST above
#define NWK_MAX_DEVICES   ( NWK_MAX_DEVICE_LIST + 1 )
// One extra space for parent
#define NWK_MAX_ROUTERS          6
```

定义 NWK_MAX_ROUTERS 值为 6，表示最大路由数为 6。

ZigBee 网络参数设置如图 3-46 所示。

路由器的个数和终端个数的设定是通过 nwk_globals.c 文件中的如下代码实现的，代码位于该文件的第 133 行：

```
#elif ( STACK_PROFILE_ID == HOME_CONTROLS )
uint8 CskipRtrs[MAX_NODE_DEPTH+1] = {0,0,0,0,0,0};
uint8 CskipChldrn[MAX_NODE_DEPTH+1] = {20,20,20,20,20,0};
```

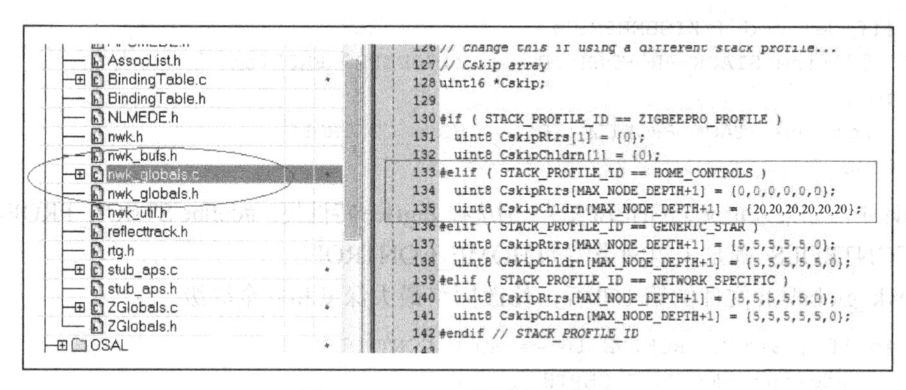

图 3-46　ZigBee 网络参数设置

路由的个数是通过数组 CskipRtrs 定义的，CskipRtrs[0]表示在路由 0 级中最多可挂载的路由器节点个数，CskipRtrs[1]表示在路由 1 级中最多可挂载的路由器节点个数。本实验采用星形网络，不包含路由器，所以 CskipRtrs 数组赋值均为 0。

注：本层所设置的路由器的个数不能大于已设置的本层节点的总个数。

终端个数是由数组 CskipChldrn 进行定义的。CskipChldrn[0]表示 0 级路由（协调器）最多可挂载的终端个数，CskipChldrn[1]表示的 1 级路由最多可挂载的终端个数。本实验设置 CskipChldrn 元素的值均为 20，表示各级路由最多可挂载 20 个终端。

注：设置的终端个数不能大于本层节点的总个数减去本层已设置的路由器个数。

此时星形网络设置已全部完成，还需要下载协调器和各终端的代码。

3.5.5　下载代码

通过以上过程，已完成协调器的信道设置、网络号设置和拓扑结构设置。最后需要将设置好的信息下载到相关设备中，即选择协调器模块（CoorfinatorEB）的代码，并下载到协调器模块中。

终端的设置与协调器的设置类似，但其中有传感器类型的指定部分，设置方法如下：在预编译选项中将天然气传感器节点 CHGQ=0x05 置换成表 3-5 所示的节点 ID。预编译参数如图 3-47 所示。

表 3-5　实验箱设备节点 ID 号

序　号	节点名称	节点 ID
1	天然气传感器节点	0x05
2	温/湿度传感器节点	0x09
3	热释电传感器节点	0x0A
4	三路继电器节点	0x0B
5	语音传感器节点	0x0C
6	RFID 低频传感器节点	0x10
7	RFID 高频传感器节点	0x11
8	RFID 超高频传感器节点	0x12

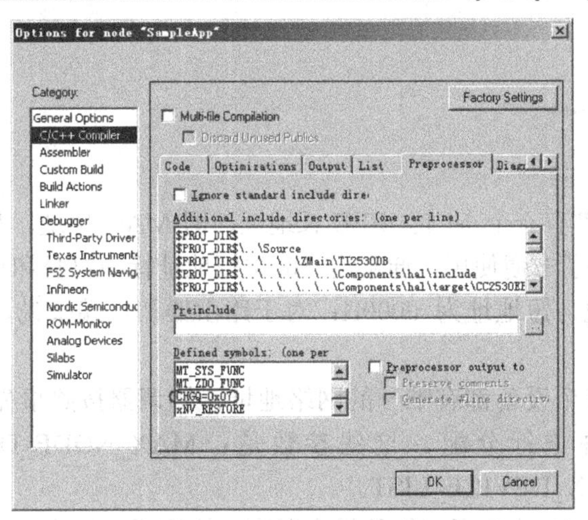

图3-47　预编译参数

最后，将协调器模块插到计算机的USB口上（由计算机的USB口供电），开启各节点插接的传感器的电源（此时各传感器的ZigBee通信模块已正确插接在传感器上），即组成星形网络。

3.5.6　结果验证

协调器和各终端的配置全部正确并已下载到相应的节点后，协调器连入计算机的USB口，其他节点模块仍插接在相应的传感器模块上，然后开启各个传感器模块的电源（给ZigBee模块供电），即可组成一个星形ZigBee网络。可通过以下方法观察结果：

（1）通过ZigBee通信模块插接的传感器进行观察。

观察ZigBee模块所插接的传感器模块上的网络通信指示灯，红灯亮即表示该节点已经加入网络；绿灯闪烁表示网络正常。

（2）通过计算机观察。

传感器组网数据只发送一次，所以在给个各传感器上电之前，必须先将协调器连在计算机的USB口，打开并设置好串口调试软件，最后给各传感器上电。实验验证界面如图3-48所示。

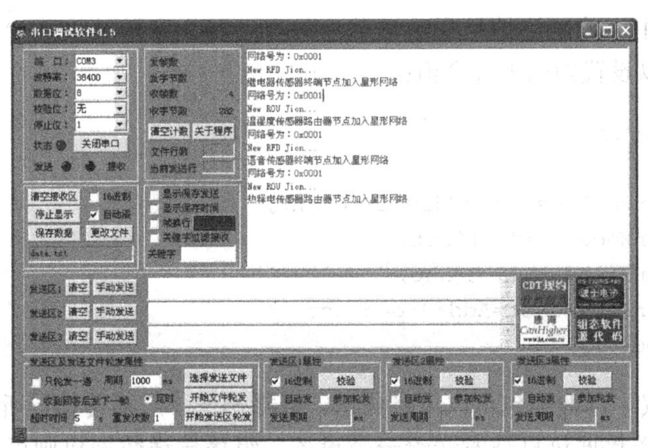

图3-48　实验验证界面

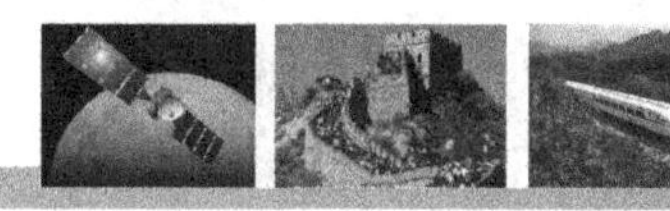

3.6 节点间通信

1. 协议栈寻址

每个 ZigBee 设备都有一个 64 位 IEEE 长地址，即 MAC 地址，与网卡 MAC 一样，它是全球唯一的地址。为了方便使用，通常用 16 位短地址标识自身和识别对方，也称为网络地址。对于协调器来说，短地址为 0000H；对于路由器和终端来说，短地址是由它们所在网络的协调器分配的。

为了使网络中的每个设备都有唯一的网络地址，协调器按照事先配置的参数，采用一定的算法产生地址并进行分配。这些参数是：MAX_NODE_DEPTH、NWK_MAX_ROUTERS、NWK_MAX_DEVICE_LIST。

MAX_NODE_DEPTH 决定了网络的最大深度。协调器的深度为 0，其子节点的深度为 1，子节点的子节点的深度为 2，以此类推。MAX_DEPTH 参数限制了网络的物理长度。

NWK_MAX_DEVICE_LIST 决定了一个路由器或一个协调器节点可连接子节点的最大个数。

NWK_MAX_ROUTERS 决定了一个路由器或一个协调器可以处理的子节点中最大的路由器个数，它是 MAX_CHILDREN 的一个子集。

在 ZigBee 协议栈中，通常使用 AF_DataRequest()函数向 ZigBee 节点发送数据，该函数将一个 afAddrType_t 类型的目标地址作为参数。

```
Typedef struct
{
    Union
    {
        Uint16 shortAddr;
    }
    afAddrMode_t addrMode;
    Byte endPoint;
}afAddrType_t;
```

在以上结构体中，除网络地址和终端节点外，还要指定地址模式参数。地址模式参数即为寻址方式，可以设置为以下几个值：

```
Typedef  enum
{
    afAddrNotPresent=AddrNotPresent,
    afAddrMode  =Addr16Bit,
    afAddrGroup =AddrGroup,
    AfAddrBroadcast=AddrBroadcast
}AfAddrMode_t;
```

在 ZigBee 协议中，数据包可以单点传送、组播传送、广播传送，所以必须有地址模式参数。一个单点传送数据包只被发送给一个设备，组播传送数据包则可被传送给包含若干个设备的一组设备，而广播传送数据包则被发送给整个网络的所有节点。

单点传送是标准寻址模式，它将数据包发送给一个已知网络地址的网络设备。将 afAddrMode 设置为 Addr16bit，并且在数据包中携带目标设备地址。

组播传送将数据包传送给一组设备，将模式设置为 afAddrGroup。

广播传送将数据包发送给网络中的每一个设备，将模式设置为 AddrBroadcast。目标 shortAddr 可以设置为以下广播地址的一种：

NWK_BROADCAST_SHORTADDR_DEVALL(0xFFFF)——数据包将被传送给网络上的所有设备，包括睡眠中的设备。对于睡眠中的设备，数据包将被保留在其父节点，直到设备苏醒后主动找父节点查询，或者直到消息超时（此功能消失）。

NWK_BROADCAST_SHORTADDR_DEVRXON(0xFFFD)——数据包将被传送到网络上的所有在空闲时打开接收功能的设备，也就是除了睡眠中的设备。

NWK_BROADCAST_SHORTADDR_DEVZCZR(0xFFFC)——数据包发送给所有的路由器（包括协调器，可以将协调器看作一种特殊的路由器）。

2. 协议栈路由

ZigBee 路由协议是基于 AODV 专用网络路由协议实现的。ZigBee 将 AODV 路由协议优化，使其能够适应各种环境，包括移动节点、连接失败和数据包丢失等复杂环境。

当路由器从它自身的应用程序或其他设备那里收到一个单点发送的数据包后，网络层会遵循以下流程将数据包继续传递下去：如果目标设备是它的相邻节点或子节点，则数据包会被直接传送给目标设备；否则，路由器将检索它的路由表中与所要传送的数据包的目标地址相符合的记录。如果存在与目标地址相符合的有效路由记录，数据包将被发送到记录中的下一跳地址中去；如果没有发现任何相关的路由记录，则路由器开始路径寻找，将数据包暂时存储在缓冲区中，直到路径寻找结束为止。

ZigBee 终端不具有任何路由功能。如果终端想向其他设备传送数据包，它只需要将数据包向上发送给它的父节点，由它的父节点代表它来执行路由。同理，任何一个设备要给终端发送数据，在路径寻找时，由终端的父节点代表终端做出回应。

在协议栈中，在执行路由功能的过程中实现了路由表记录的优化。通常，每个目标设备都需要一条路由表记录。通过将父节点的路由表记录和其所有子节点的路由表记录进行结合，可以在保证不丧失任何功能的基础上优化路径。

ZigBee 路由器（含协调器）将完成路径发现和选择、路径保持维护、路径期满处理等路由功能。

3. 路径的寻找和选择

路径寻找是网络设备之间相互协作去寻找和建立路径的一个过程。任意一个路由设备都可以发起路径寻找，去寻找某个特定的目标设备。路径寻找机制是指寻找源地址和目标地址之间的所有可能路径，并且选择其中最好的路径的机制。

在路径选择时会尽可能选择成本最小的路径。每个节点通常保持有其所有邻接节点的“连接成本”。通常，最典型的连接成本是一个关于接收信号强度的函数。沿着路径，找出所有连接成本的总和，便可以得到整个路径的“路径成本”。路由算法将找到拥有最小路径成本的路径。

路由器通过一系列请求和回复数据包来寻找路径。源设备向它的所有邻接节点广播一

个路由请求数据包（RREQ），来请求一个目标地址的路径。当某个节点接收到 RREQ 数据包后，它会依次转发 RREQ 数据包。在转发之前，要加上最新的连接成本，然后更新 RREQ 数据包中的成本值。这样，RREQ 数据包携带着连接成本的总和到达目标设备。由于 RREQ 经过不同的路径，目标设备将收到许多 RREQ 副本。目标设备选择最好的 RREQ 数据包，然后沿着相反的路径将路径答复数据包（RREP）发送给源设备。

一旦创建了一条路径，即可发送数据包。当一个节点与下一级邻接节点推动了连接时（当它发送数据时，没有收到 MAC ACK），该节点就会向所有等待接收它的 RREQ 数据包的节点发送一个 RERR 数据包，并将它的路径设为无效。各个节点根据收到的数据包（RREQ、RREP 和 RERR）来更新路由表。

4. 路径保持与维护

无线网形网提供路径维护功能和网络自愈功能。一个路径上的中间节点一直跟踪数据传送过程，如果一个连接失败，上游节点将对所有使用这条连接的路径启动路径修复功能。当下一个数据包到达该节点时，节点将重新确定路径。如果不能启动路径寻找功能或由于某种原因使路径寻找失败，那么节点会向数据包的源节点发送一个路径错误包（RERR），它将负责启动新的路径寻找。这两种方法都实现了路径的自动重建。

5. 路径期满处理

路由表为已经建立连接路径的节点维护路径记录。如果在一定的时间周期内没有数据通过这条路径发送，则这条路径将被标识为期满。期满的路径一直被保留到它所占用的空间被使用为止。在 f8wConfig.cfg 文件中配置自动路径期满时间。设置 ROUTE_EXPIRY_TIME 为期满时间，单位为秒；如果设置为 0，则表示关闭自动期满功能。

3.6.1 基于协议栈的点对点通信

本节中，需要理解 ZigBee 协议栈实现节点间通信的方法，并掌握以下三点内容：

（1）掌握 ZigBee 设备、簇和简单设备描述符的定义，并通过这些描述符定义设备；

（2）熟练掌握 ZigBee 无线发送函数 AF_DataRequest()中各参数的定义；

（3）掌握 ZigBee 点对点通信的配置。

1. 基础知识

点对点通信是 ZigBee 网络最基本的通信方式，有两个 CC2530 通信模块即可完成。在 ZigBee 协议栈中，只需要关心三个描述符：节点描述符 endPointDesc_t、簇描述符 cId_t、简单设备描述符 SimpleDescriptionFormat_t。

ZigBee 网络中的所有设备都有一些描述符，用来描述设备类型和应用方式。描述符包含节点描述符、电源描述符和默认用户描述符等。通过改变这些描述符可以定义自己的设备。定义描述符和创建配置项在文件 ZDOConfig.h 和 ZDOConfig.c 中完成。描述符信息可以被网络中的其他设备获取。下面对上述三种描述符进行说明（此内容在协议栈中非常重要）。

节点描述符也称为端点描述符。节点描述符 endPointDesc_t 如下：

```
    typedef struct {
        Byte   endPoint;
```

```
    Byte    *task_id;// Pointer to location of the Application task ID.
  SimpleDescriptionFormat_t*  simpleDesc;
      afNetworkLatencyReq_t    latencyReq;
    } endPointDesc_t;
```

*task_id——任务 ID 指针，当接收到消息时，此任务 ID 将指示消息传递目的地址。接收到的消息是以 OSAL 消息形式包装的。

simpleDesc——指向这个终端的 ZigBee 简单描述。

latencyReq——必须用 noLatencyReqs 来填充。

簇描述符包含簇 ID，输入簇和输出簇分别定义。簇描述符 cId_t 如下：

```
    const cId_t GenericApp_ClusterList[GENERICAPP_MAX_CLUSTERS] =
    {
      GENERICAPP_CLUSTERID
    };
```

每个终端都必须有一个 ZigBee 简单设备描述符。这些描述符为 ZigBee 网络刻画了这个终端，其他设备可以询问这个终端并获得这个设备的类型。简单设备描述符 SimpleDescriptionFormat_t 如下：

```
    typedef struct {
     byte          EndPoint;
     uint16        AppProfId;
       uint16        AppDeviceId;
     byte          AppDevVer:4;
     byte        Reserved:4;         // AF_V1_SUPPORT uses for AppFlags:4.
     byte          AppNumInClusters;
     cId_t         *pAppInClusterList;
     byte          AppNumOutClusters;
     cId_t         *pAppOutClusterList;
    } SimpleDescriptionFormat_t;
```

EndPoint——终端号：1～240 是节点的子地址，用来接收数据。

AppProfId——定义了这个终端上支持的 Profile ID（剖面 ID），ID 最好遵循 ZigBee 联盟的分配规则。

AppDeviceId——终端支持的设备 ID，ID 最好遵循 ZigBee 联盟的分配规则。

AppDevVer——此终端上执行的设备描述的版本。0x00 为 Version 1.0。

Reserved——保留。

AppNumInClusters——终端支持的输入簇数目。

*pAppInClusterList——指向输入 Cluster ID 列表的指针。

AppNumOutClusters——终端支持的输出簇数目。

*pAppOutClusterList——指向输出 Cluster ID 列表的指针。

2. 设计要求

点对点通信框图如图 3-49 所示。本实验要求实现 ZigBee 协调器和天然气传感器节点之间

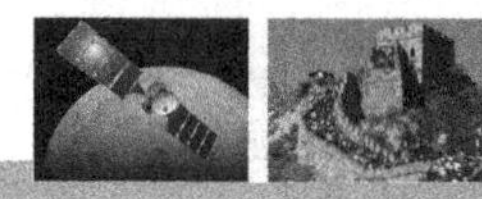

的点对点通信。具体功能是：按下天然气传感器节点的 KEY 键，则向 ZigBee 协调器发送 LED1 字符串，ZigBee 协调器接收到数据（以 LED1 为例）后，回复给天然气传感器节点一个确认信息 ACK1；天然气传感器节点接收到 ACK1 后则点亮灯 LED1 或熄灭 LED1。

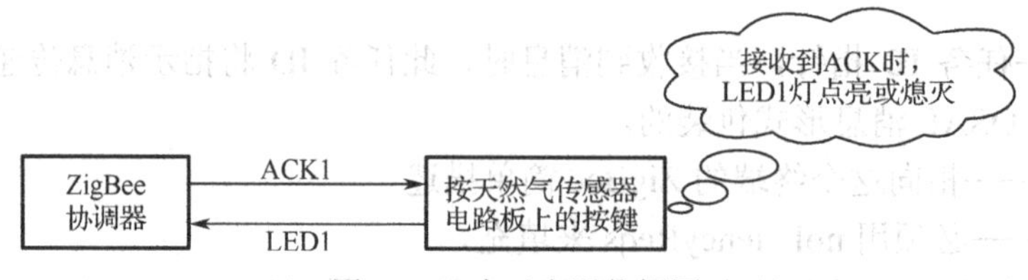

图 3-49　点对点通信框图

3. 程序流程

在进行实验代码编写之前，必须首先掌握软件的流程，从整体上把握程序的执行过程和模块划分。ZigBee 协调器和天然气传感器节点的功能不同，因而需要分别设计其程序流程图。

如图 3-50 所示为天然气传感器节点的程序流程图，该节点是整个点对点通信的入口。在初始阶段，首先按下天然气传感器电路板上的按键 KEY，开启点对点通信（发送对应于按键的 LED1 到协调器）；之后等待协调器确认数据，当确认数据到达后，根据收到的数据是否为 ACK1 来决定 LED1 灯的亮灭。

如图 3-51 所示是协调器程序流程图。在点对点通信中，天然气传感器节点（传感器节点号 CHGQ=5）是主角，协调器配合并响应天然气传感器节点完成本次实验。在初始阶段，协调器判断是否有数据从天然气传感器节点发送过来；如果接收到的数据为 LED1，则向天然气传感器节点回复 ACK1。

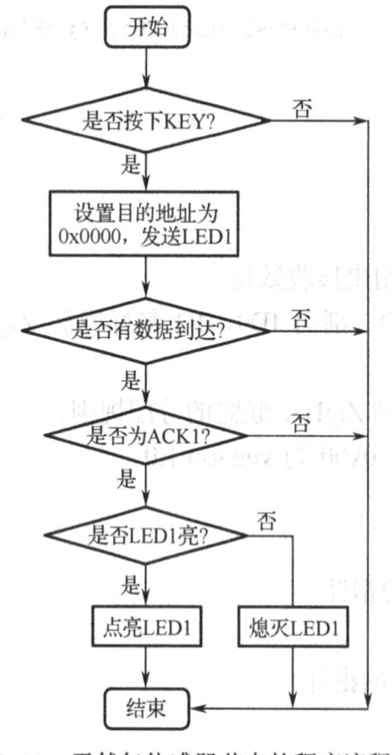

图 3-50　天然气传感器节点的程序流程图

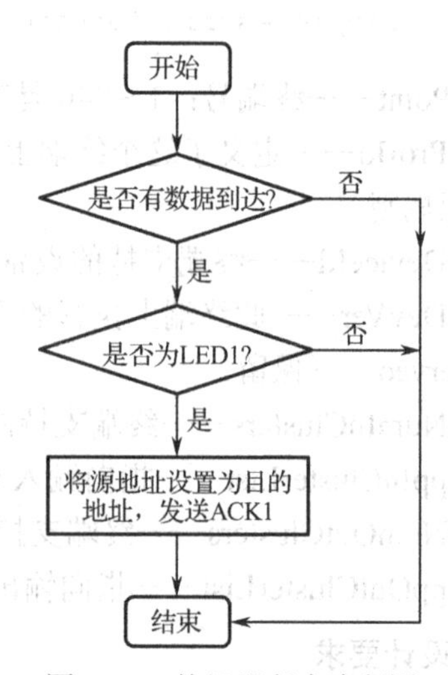

图 3-51　协调器程序流程图

注意：为什么天然气传感器节点是点对点通信的主发起者，而协调器是回复者呢？因为在 ZigBee 网络组建成功后，我们只知道协调器的网络地址是 0x0000，其他节点（包括路由器和终端）的网络地址只有各节点自己知道，所以通过天然气传感器节点向协调器发送数据后，一并向协调器提交了自己的网络地址。因此，协调器便将天然气传感器节点的网络地址记录下来，作为回复确认信息的目的地址。

3.6.2　通信项目实践

1. 定义簇描述符、简单设备描述符和终端节点描述符

首先打开工程文件点到点通信例程“SampleApp”，如图 3-52 所示。

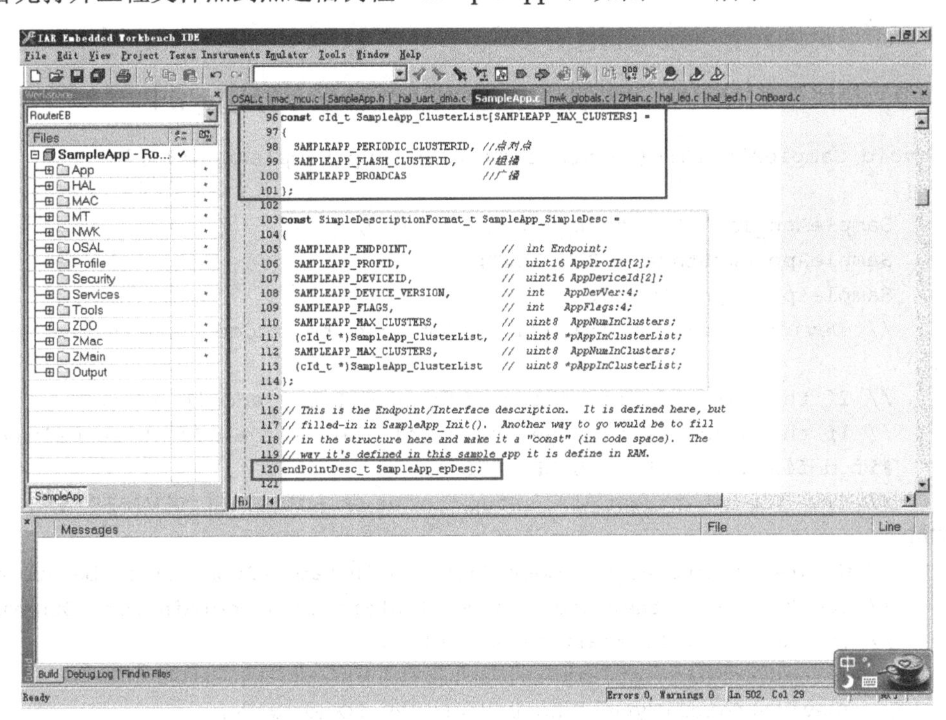

图 3-52　IAR 工程中 SampleApp.c 文件

在图 3-52 中，最上方矩形框里的内容即为本次实验的簇 ID 设置程序。该簇 ID 被定义为 SAMPLEAPP_PERIODIC_CLUSTERID。这个簇 ID 用于在数据接收后判定点对点通信。

```
const cId_t SampleApp_ClusterList[SAMPLEAPP_MAX_CLUSTERS] =
{
    SAMPLEAPP_PERIODIC_CLUSTERID,   //点对点
    SAMPLEAPP_FLASH_CLUSTERID,      //多播
    SAMPLEAPP_BROADCAS,             //广播
};
```

在图 3-52 中的中间矩形框里定义了简单设备描述符：

```
const SimpleDescriptionFormat_t SampleApp_SimpleDesc =
{SAMPLEAPP_ENDPOINT,                //  int Endpoint;
```

```
    SAMPLEAPP_PROFID,                    //  uint16 AppProfId[2];
    SAMPLEAPP_DEVICEID,                  //  uint16 AppDeviceId[2];
    SAMPLEAPP_DEVICE_VERSION,            //  int   AppDevVer:4;
    SAMPLEAPP_FLAGS,                     //  int   AppFlags:4;
    SAMPLEAPP_MAX_CLUSTERS,              //  uint8  AppNumInClusters;
    (cId_t *)SampleApp_ClusterList,      //  uint8 *pAppInClusterList;
    SAMPLEAPP_MAX_CLUSTERS,              //  uint8  AppNumInClusters;
     (cId_t *)SampleApp_ClusterList      //  uint8 *pAppInClusterList;
  };
```

在图 3-52 中下方的矩形框中，定义了终端节点描述符：

```
  endPointDesc_t SampleApp_epDesc;
```

终端节点描述符是结构体，其被赋值于初始化函数 SampleApp_Init()中。

```
  void SampleApp_Init( uint8 task_id )（App\SampleApp253 行）
  {
    SampleApp_TaskID = task_id;  //注册 ID 号
    SampleApp_NwkState = DEV_INIT;
    SampleApp_TransID = 0;
    // Device hardware initialization can be added here or in main()
(Zmain.c).
    // If the hardware is application specific - add it here.
    // If the hardware is other parts of the device add it in main().
    #if defined ( BUILD_ALL_DEVICES )
    // The "Demo" target is setup to have BUILD_ALL_DEVICES and HOLD_
AUTO_START
    // We are looking at a jumper (defined in SampleAppHw.c) to be jumpered
    // together - if they are - we will start up a coordinator. Otherwise,
    // the device will start as a router.
    if ( readCoordinatorJumper() )
      zgDeviceLogicalType = ZG_DEVICETYPE_COORDINATOR;
    else
      zgDeviceLogicalType = ZG_DEVICETYPE_ROUTER;
    #endif // BUILD_ALL_DEVICES
    #if defined ( HOLD_AUTO_START )
    // HOLD_AUTO_START is a compile option that will surpress ZDApp
    //  from starting the device and wait for the application to
    //  start the device.
    ZDOInitDevice(0);
    #endif
    // Setup for the periodic message's destination address
    // Fill out the endpoint description.
    SampleApp_epDesc.endPoint = SAMPLEAPP_ENDPOINT;  //端点号(282 行)
    SampleApp_epDesc.task_id = &SampleApp_TaskID;     //任务 ID 号
    SampleApp_epDesc.simpleDesc
            = (SimpleDescriptionFormat_t *)&SampleApp_SimpleDesc;//描述符
```

```
    SampleApp_epDesc.latencyReq = noLatencyReqs;
    // Register the endpoint description with the AF
    afRegister( &SampleApp_epDesc );
    // Register for all key events - This app will handle all key events
    RegisterForKeys( SampleApp_TaskID );
    // By default, all devices start out in Group 1
}
```

2. 添加按键代码

按键代码最终将被下载到天然气传感器节点上，用来检测天然气传感器电路板 KEY1 的状态变化。添加代码如下：

```
void SampleApp_HandleKeys(uint8 shift,uint8 keys) (App\SampleAp431 行)
{
    uint8 buf1[4] = {'L','E','D','1'};//需要发送 LDE1 命令
  if(keys&HAL_KEY_SW_1)
  {
  }
  if(keys&HAL_KEY_SW_2)
  {
  }
  if(keys&HAL_KEY_SW_6)
  {
  SendData(0x0000, buf1, 4); //通过点对点无线通信方式发送数据，长度为 4
  }
  if(keys & HAL_KEY_SW_7)
  {
  }
}
```

实验时需将代码添加到相应的程序段位置。天然气传感器电路板上的 KEY1 对应 SW6。

3. 添加数据发送处理代码

由以上代码可知，当 KEY1 按下时，向地址为 0x0000 的协调器发送字符串“LED1”。其中函数 SendData()完成点对点无线通信的发送任务。

注意：函数 SendData()是最关键的内容之一，具体发送任务由它来完成，此函数代码如下：

```
    uint8 SendData( uint16 addr, uint8 *buf, uint8 Leng) ( App\
SampleApp503 行)
    {
       afAddrType_t SendDataAddr;
       SendDataAddr.addrMode = (afAddrMode_t)Addr16Bit;    //点对点模式
       SendDataAddr.endPoint = SAMPLEAPP_ENDPOINT;         //端点号
       SendDataAddr.addr.shortAddr = addr;                 //目的地址
```

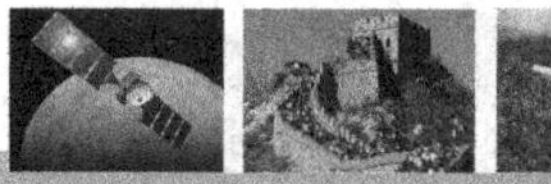

```
        if ( AF_DataRequest( &SendDataAddr, &SampleApp_epDesc,
                             SAMPLEAPP_PERIODIC_CLUSTERID,
                             Leng,
                             buf,
                             &SampleApp_TransID,
                             AF_DISCV_ROUTE,
                             AF_DEFAULT_RADIUS ) == afStatus_SUCCESS )
        {
            return 1;
        }
        else
        {
            return 0;// Error occurred in request to send.
        }
    }
```

实验时，将代码添加到相应的程序段。

函数 uint8 SendData(uint16 addr，uint8 *buf，uint8 Leng)完成了点对点的无线通信发送任务。其中参数 uint16 addr 为目的地址。参数 uint8 *buf 是存放需要发送的数据的缓冲。参数 uint8 Leng 为传输数据的长度。发送的关键函数是 AF_DataRequest( )。

发送函数内具体执行发送任务的是 AF_DataRequest()，其参数含义如下：

SendDataAddr——结构体，包括目的地址、终端节点号和传送模式。

SampleApp_epDesc——终端节点描述符，6.2.1 节已经详细说明了它的赋值。

SAMPLEAPP_PERIODIC_CLUSTERID——簇 ID 描述符，在头文件 sampleApp.h 文件中定义为 2。

Leng——发送内容的长度，这里为 4（“LED1” 或 “LED2” 的长度）。

buf——发送的内容（“LED1” 或 “LED2”）。

SampleApp_TransID——任务 ID 号，在初始化函数 SampleApp_Init()中被定义为 0。

AF_DISCV_ROUTE——有效位掩码的发送选项，此处表示没有用到。

AF_DEFAULT_RADIUS——传送跳数，此处为默认值 32。

4. 添加数据接收处理代码

这部分代码是协调器和天然气传感器节点公用的内容。协调器收到数据后判断是否为“LED1”，再决定是否发送 ACK1 数据；天然气传感器节点则用这部分代码判断接收到的数据是否为协调器发过来的字符串“ACK1”，以决定 LED1 灯的亮灭。具体代码如下：

```
    void  SampleApp_MessageMSGCB(  afIncomingMSGPacket_t  *pkt  )  ( App\
SampleApp481 行)
    {
        #ifdef   DT_COORD
        uint8 buf1[4]={'A','C','K','1'};//协调器的确认应答信号
        #endif
        switch(pkt->clusterId)
        {
```

```
            case SAMPLEAPP_PERIODIC_CLUSTERID:
            if(  *pkt->cmd.Data  ==  'L'  &&  *(pkt->cmd.Data+1)  ==  'E'&&
*(pkt->cmd.Data+2) == 'D' && *(pkt->cmd.Data+3)== '1')//读出无线接收到的数据
            {

              #ifdef  DT_COORD
              SendData(pkt->srcAddr.addr.shortAddr,buf1,4);//发送确认信道ACK
              #endif
            }
            if(  *pkt->cmd.Data  ==  'A'  &&  *(pkt->cmd.Data+1)  ==  'C'&&
*(pkt->cmd.Data+2) == 'K' && *(pkt->cmd.Data+3) == '1')
            {
              #ifndef  DT_COORD
              if(LED1_SBIT)
                HalLedSet( HAL_LED_1,HAL_LED_MODE_ON );    //点亮绿灯
              else
                HalLedSet( HAL_LED_1,HAL_LED_MODE_OFF );   //熄灭绿灯
              #endif
            }
            break;
        }
    }
```

将代码添加到相应的程序段中。

在上述代码中，按照接收到的数据分类处理。这部分代码有条件编译，如果在定义了 DT_COORD 宏的情况下才会被编译，那么这段代码是协调器要处理的，而天然气传感器节点不会编译这段代码；如果在没有定义 DT_COORD 宏的情况下才会编译，那么这段代码为天然气传感器节点要处理的。

注意：DT_COORD 宏定义与协调器对应，定义该宏的代码都是协调器要执行的代码。

5. 实验代码下载

下载前需要进行设备设置、网络配置。

将协调器与 PC 通过仿真器连接。在工程编译时选择设备模块“CoordinatorEB”，表示对当前工程中的协调器代码进行编译，如图 3-53 所示。

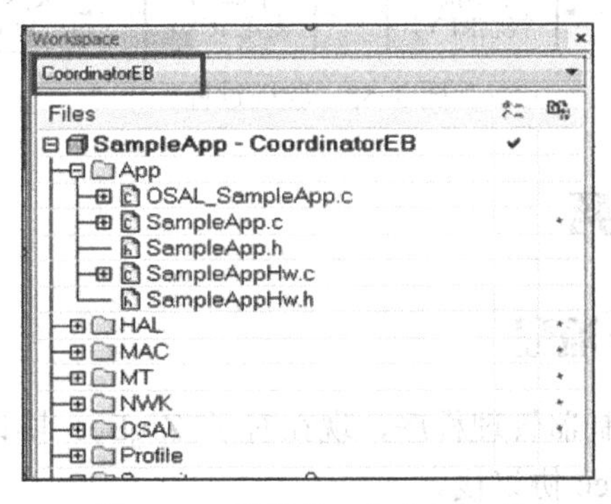

图 3-53　编译前工作空间选项

实验时设置的信道号和网络号必须与实验箱的编号相同，有关信道号和网络号的具体配置方法可参照前述项目，网络类型已配置完成。

编译文件，单击工程中的DEBUG按钮，将程序下载到协调器中。

通过仿真器连接天然气传感器电路板和PC，方法与协调器下载程序基本相同，不同的是在预编译选项中添加CHGQ=0x05（CHGQ的值和所选的天然气传感器节点有关），其中CHGQ=0x05表示是天然气传感器节点，如图3-54所示。在选择设备模块时，选择RouterEB。

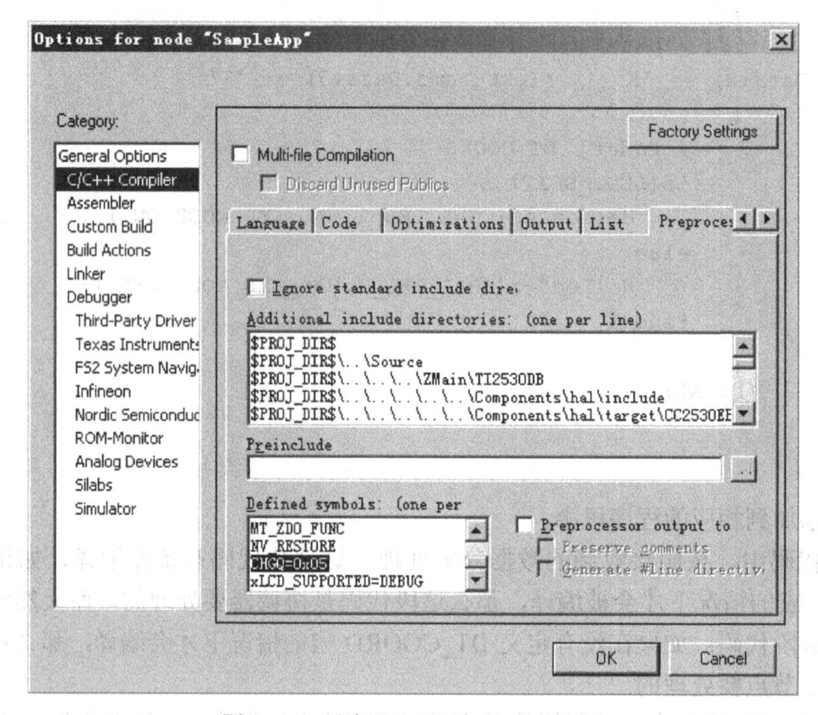

图3-54　预编译选项添加协议实验板

6. 实验结果验证

实验结果验证可按照实验要求进行，验证过程如图3-55所示，按下协议实验板上的KEY1键，经过如图3-55所示的过程，观察协议实验板的LED1是否点亮。

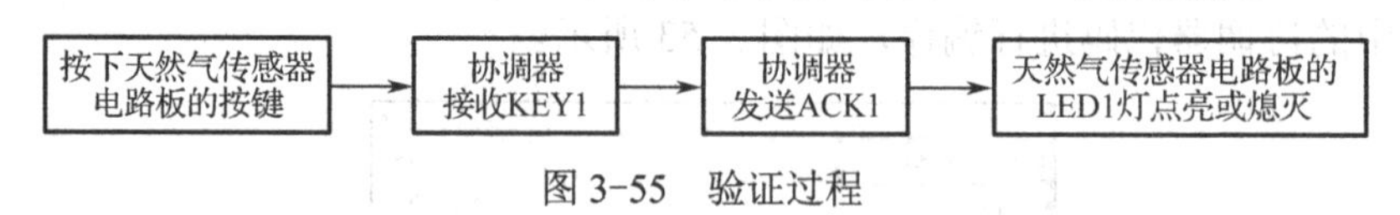

图3-55　验证过程

3.7 新增ZigBee任务

3.7.1 协议栈的工作流程

我们之前都直接让微控制器管理程序，现在有了ZigBee协议栈，该怎么写程序呢？下面尝试新增一个任务到ZigBee协议栈。

什么是协议栈？我们知道，使用 ZigBee 一般要进行组网、传输数据。可想而知其中的代码数量是非常庞大的，如果每次使用 ZigBee 都需要自己编写所有代码的话，会非常麻烦，因此就有了协议栈。可以说，协议栈是一个小型操作系统，它把很多通信、组网之类的代码都封装起来，我们要做的只是通过调用函数来实现我们的目的。协议栈的工作流程如图 3-56 所示。下面对照流程图，对协议栈进行简单的分析。

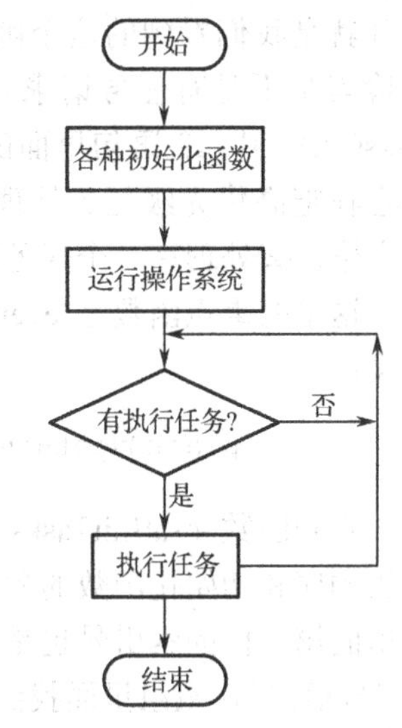

图 3-56　协议栈的工作流程

打开工程文件 SampleApp，main()函数是程序执行的开始。main()函数在 ZMAin 文件夹的 ZMain.c 下：

```
⊞ main();
```

浏览一下 main()函数，可以看到，一开始都是各种初始化函数，即对应流程图中的“各种初始化函数”。初始化中需要注意的是 osal_init_system()，即初始化操作系统函数，以及 osal_start_ system()，这是执行操作系统函数，对应流程中的“运行操作系统”。注意这个函数进去之后是不会再返回的。main()函数就包括初始化函数和执行操作系统函数两部分。

osal_init_system()的功能是初始化操作系统：

```
⊞ osal_init_system();
```

浏览这个函数，可以看到其中依旧是各种初始化函数。重点观察 osalInitTasks()这个函数，该函数的功能是初始化任务系统：

```
⊞ osalInitTask();
```

通过注释可以知道，这个函数也是用来初始化的，但是代码有点难以理解，不过暂时并不需要完全理解这些代码。这里只需要先知道一点，协议栈采用任务机制，使用轮询的方式处理任务。也就是说，在空闲的时候，它从优先级高的任务开始，一个个检查是否有任务要处理，有则处理这个任务，没有则继续循环检测。

这里初始化任务函数的作用就是按“任务”的优先级给它们发 ID 号，发 ID 号的同时对任务进行初始化。需要注意的是，任务优先级越高，ID 号越小。在 SampleAPPTask 上面的任务都不用考虑，它们都是系统任务，需要考虑的是最后两个函数。

回到 main()函数，继续看下一个函数 osal_start_system()，即执行操作系统函数。找到它的函数体：

```
⊞ osal_start_system();
```

再继续查找 osal_run_system()的函数体：

```
⊞ osal_run_system();
```

先把工作分成两部分：一部分是任务请求，有任务请求了就把相应的标志位置 1；另一

部分就是我们看到的这个函数。在函数开头读一下任务请求的变量，然后从最高优先级依次检索是不是有任务请求。只要有任务请求，就进入处理任务请求部分（就是“if (idx < tasksCnt)”中 if 语句里面的内容），没有则继续循环。处理任务请求部分需要注意两点：①它在把高优先级任务处理完之后会继续检测是否还有任务请求，直到把所有任务请求处理完毕；②处理完一个任务之后它会清除该任务的标志位。

这里的重点函数是 events = (tasksArr[idx])(idx, events)。先看一看 tasksArr[]这个数组的定义：

```
⊞ pTaskEventHandlerFn tasksArr[]
```

它和函数 osalInitTasks()在同一个文件里，位于 osalInitTasks()的上面。它定义成员变量名的顺序和初始化函数的顺序是一样的。每个任务都有一个 ID 号，优先级从 0 开始，而数组里面第一位的索引号也是 0，也就是说，任务 ID 号和数组索引号相对应，那么利用任务 ID 号就可以在数组里面找到相应的任务。

events = (tasksArr[idx])(idx, events)中，数组的类型是一个函数。也就是说，通过任务 ID 找到相应的任务处理函数。通过图 3-57 所示的流程图再来回顾一下。

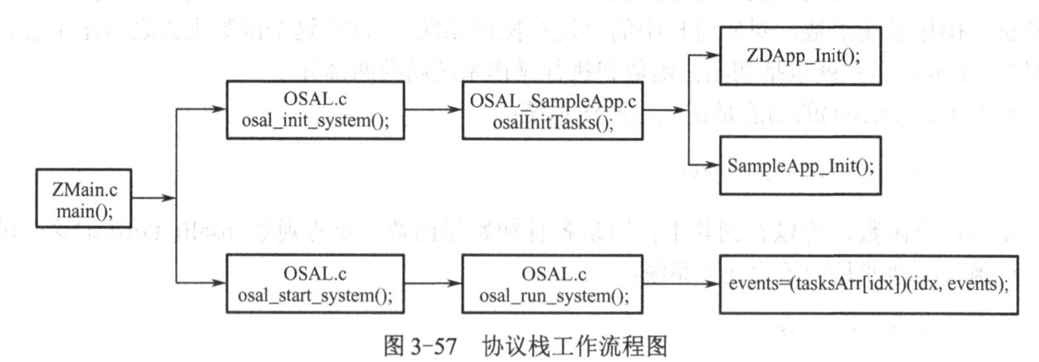

图 3-57　协议栈工作流程图

3.7.2　新增串口通信任务案例

1. 串口初始化代码

① 在协议栈中，用户自己添加代码的地方基本为 App 这个文件夹。打开其中的文件 SampleApp.c，在 INCLUDES 部分添加代码#include "MT_UART.h"，如图 3-58 所示。

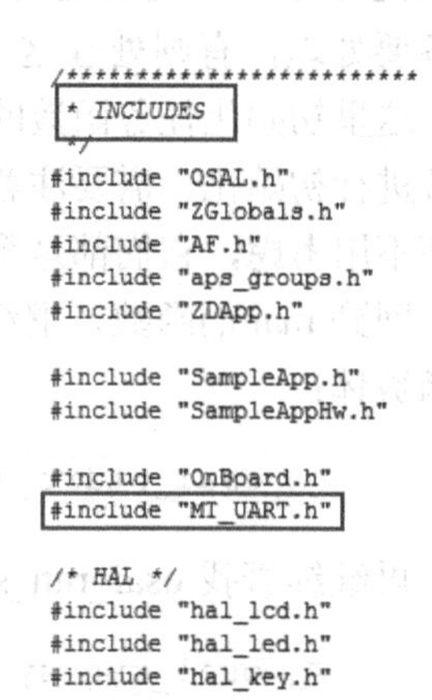

图 3-58　串口通信包含头文件

操作说明：协议栈中关于串口封装的文件有两个，一个是 HAL→Target→CC2530EB→Drivers→hal_uart.c，另一个是 MT→MT_UART.c。这两个文件有什么区别呢？第一，在 MT_UART.c 中有 include “hal_uart.h”，所以写头文件时只写 MT_UART.h 即可。第二，分析 hal_uart.c 文件时，只需要对不同串口类型的相应操作进行选择，而 MT_UART.c 文件则是对任意串口进行操作。就是说 MT_UART.c 文件处于底层。

② 同样，在 SampleApp.c 文件中找到函数 void SampleApp_Init(uint8 task_id)，在其中加入串口初始化代码：

```
/************串口初始化*****************/
MT_UartInit();                        //串口初始化
MT_UartRegisterTaskID(task_id);      //登记任务号
```

操作说明：登记任务号就是把串口事件通过 task_id 登记在 SampleApp_Init()中。之前提到 SampleApp_Init()函数很重要，其功能就是分配 ID 号，它是优先级最低的函数。把这个函数的 ID 号给串口，就是告诉串口是在这个函数里进行初始化的，相应的任务优先级也最低的。

③ 更改串口初始化配置。

在②中所示代码的 MT_UartInit();处查看定义，进入 MT_UartInit()函数（如图 3-59 所示）。找到其中的 MT_UART_DEFAULT_BAUDRATE（如图 3-60 所示），查看定义后将波特率设置为 115 200 bps（如图 3-61 所示）。

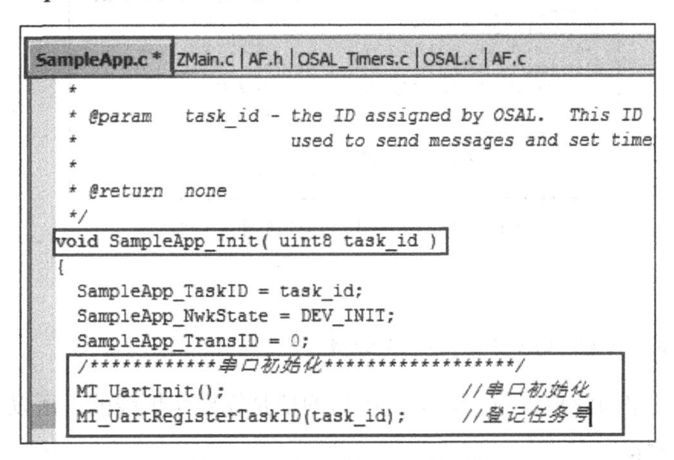

图 3-59　串口通信初始化任务

```
SampleApp.c * | ZMain.c | AF.h | OSAL_Timers.c | OSAL.c | AF.c | MT_UART.c
 *
 * @return  None
 ****************************************************************************
void MT_UartInit ()
{
  halUARTCfg_t uartConfig;

  /* Initialize APP ID */
  App_TaskID = 0;

  /* UART Configuration */
  uartConfig.configured           = TRUE;
  uartConfig.baudRate             = MT_UART_DEFAULT_BAUDRATE;
  uartConfig.flowControl          = MT_UART_DEFAULT_OVERFLOW;
  uartConfig.flowControlThreshold = MT_UART_DEFAULT_THRESHOLD;
  uartConfig.rx.maxBufSize        = MT_UART_DEFAULT_MAX_RX_BUFF;
  uartConfig.tx.maxBufSize        = MT_UART_DEFAULT_MAX_TX_BUFF;
  uartConfig.idleTimeout          = MT_UART_DEFAULT_IDLE_TIMEOUT;
  uartConfig.intEnable            = TRUE;
#if defined (ZTOOL_P1) || defined (ZTOOL_P2)
```

图 3-60　串口通信相关宏定义

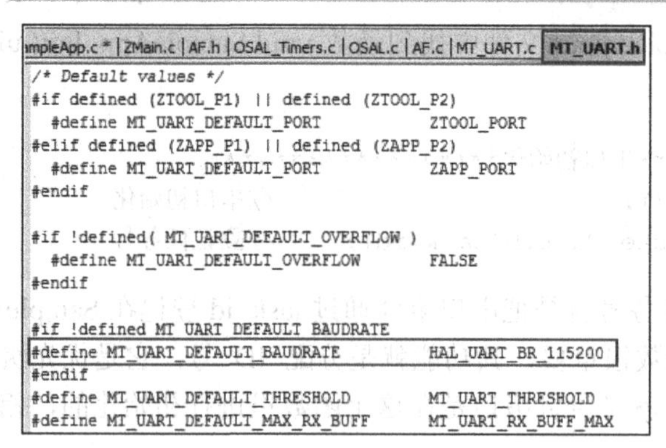

图 3-61 串口通信速率设置为 115200bps

找到 MT_UART_DEFAULT_OVERFLOW，查看定义时将参数设置为 FALSE（如图 3-62 所示）。

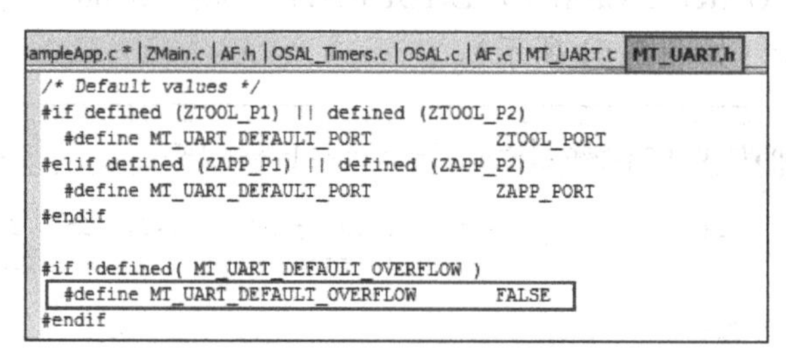

图 3-62 取消串口通信硬件流控制

操作说明：

```
#define MT_UART_DEFAULT_OVERFLOW        FALSE
```

这行代码是打开串口流控的意思。因为串口通信是需要两根线的，所以必须把它关闭。

2. 发送部分代码

① 打开 SampleApp.c 文件，找到 SampleApp 事件处理函数 SampleApp_ProcessEvent()。

我们可以在 SampleApp 事件下添加自己的事件，每个事件都有自己的事件号。事件号是 16 位的，但是每个事件号只允许占 16 位中的 1 位，也就是说最多有 16 个事件。

先浏览一下代码，大致功能是分析传递进来的事件号，触发相应的事件。这和任务号处理模式很像。我们需要关注的是“系统消息事件”被触发之后，即 if(events & SYS_EVENT_MSG)语句之后的部分。先看第一行：

```
MSGpkt = (afIncomingMSGPacket_t*)osal_msg_receive(SampleApp_TaskID);
```

这一行代码实现的功能是获取系统消息数据。afIncomingMSGPacket 是包含整个消息内容的结构体类型。之后的选择语句则是根据消息中的信息对数据进行相应的处理。

我们需要关注如图 3-63 所示的代码。意思是当网络状态发生变化时（其实就是打开网络），对数据发送进行初始化。图 3-63 中第二个方框中，第一个参数是任务号；第二个参数是事件号，每个事件只占 1 位；第三个参数是设置时间，就是规定多久发一次信息。这里预设 SAMPLEAPP_SEND_PERIODIC_MSG_TIMEOUT=5000，这个值可以自行修改，数值单位是毫秒，就是说，这个程序中 5 秒发送一次数据。

```
hal_uart.c | MT_UART.h | comdef.h | SampleApp.c * | SampleApp.h | OSAL.c | AF.h | OSAL.h

// Received whenever the device changes state in the network
case ZDO_STATE_CHANGE:          //当网络状态发生改变
  SampleApp_NwkState = (devStates_t)(MSGpkt->hdr.status);
  if ( (SampleApp_NwkState == DEV_ZB_COORD)        //不管怎么变
      || (SampleApp_NwkState == DEV_ROUTER)        //只要有网
      || (SampleApp_NwkState == DEV_END_DEVICE) )  //|
  {
    // Start sending the periodic message in a regular interval.
    //开始周期性发送数据
    osal_start_timerEx( SampleApp_TaskID,
                        SAMPLEAPP_SEND_PERIODIC_MSG_EVT,
                        SAMPLEAPP_SEND_PERIODIC_MSG_TIMEOUT );
  }
  else
  {
    // Device is no longer in the network
  }
  break;
```

图 3-63　网络状态发生变化

② 设置发送内容，自动周期性发送。在同一个函数下找到如图 3-64 所示的代码。

```
ART.c | hal_uart.c | MT_UART.h | comdef.h | SampleApp.c * | SampleApp.h | OSAL.c | AF.h | OSAL.h
}

// Send a message out - This event is generated by a timer
//  (setup in SampleApp_Init()).
//如果触发周期性数据发送部分
if ( events & SAMPLEAPP_SEND_PERIODIC_MSG_EVT )
{
  // Send the periodic message
  SampleApp_SendPeriodicMessage();

  // Setup to send message again in normal period (+ a little jitter)
  osal_start_timerEx( SampleApp_TaskID, SAMPLEAPP_SEND_PERIODIC_MSG_EVT,
      (SAMPLEAPP_SEND_PERIODIC_MSG_TIMEOUT + (osal_rand() & 0x00FF)) );

  // return unprocessed events
  return (events ^ SAMPLEAPP_SEND_PERIODIC_MSG_EVT);
}
```

图 3-64　定时发送数据函数

如果触发周期性数据发送部分，就执行 SampleApp_SendPeriodicMessage()这个函数。函数里面放需要发送的数据。

找到该函数后对函数做如下修改，如图 3-65 所示。

```
_UART.c | hal_uart.c | MT_UART.h | comdef.h | SampleApp.c * | SampleApp.h | OSAL.c | AF.h | OS
 *
 * @return  none
 */
void SampleApp_SendPeriodicMessage( void )
{
  uint8 data[10] = {'0','1','2','3','4','5','6','7','8','9'};
  if ( AF_DataRequest( &SampleApp_Periodic_DstAddr, &SampleApp_epDesc,
                       SAMPLEAPP_PERIODIC_CLUSTERID,
                       10,
                       data,
                       &SampleApp_TransID,
                       AF_DISCV_ROUTE,
                       AF_DEFAULT_RADIUS ) == afStatus_SUCCESS )
  {
  }
  else
  {
    // Error occurred in request to send.
  }
}
```

图 3-65　修改定时发送数据函数

看一下 AF_DataRequest()这个函数，通过上下文可以知道这个函数决定了发送数据的内容。需要关注的是其中第 3、4、5 个参数，第 3 个参数的作用是和接收方建立联系，这里定义 SAMPLEAPP_PERIODIC_CLUSTERID=1，协调器收到一个数据包后，获取里面的这个标号，如果为 1 则证明这个数据包是以周期性广播方式进来的。第 4 个参数表示发送数据的长度，第 5 个参数为需要发送的数据的指针。

3. 接收部分代码

在 SampleApp.c 下找到函数 void SampleApp_MessageMSGCB(afIncomingMSGPacket_ t *pkt)，在“case SAMPLEAPP_PERIODIC_CLUSTERID:”下面添加代码，如图 3-66 所示：

```
HalUARTWrite(0, "I get data!\n", 12);
HalUARTWrite(0, &pkt->cmd.Data[0], pkt->cmd.DataLength);
HalUARTWrite(0, "\n", 1);
```

```
SampleApp.c | MT_UART.c | hal_uart.c | MT_UART.h
 * @param   none
 *
 * @return  none
 */
void SampleApp_MessageMSGCB( afIncomingMSGPacket_t *pkt )
{
  uint16 flashTime;

  switch ( pkt->clusterId )
  {
    case SAMPLEAPP_PERIODIC_CLUSTERID:
      HalUARTWrite(0, "I get data!\n", 12);
      HalUARTWrite(0, &pkt->cmd.Data[0], pkt->cmd.DataLength);
      HalUARTWrite(0, "\n", 1);
      break;

    case SAMPLEAPP_FLASH_CLUSTERID:
      flashTime = BUILD_UINT16(pkt->cmd.Data[1], pkt->cmd.Data[2] );
      HalLedBlink( HAL_LED_4, 4, 50, (flashTime / 4) );
      break;
```

图 3-66　接收数据

操作说明：先看一下条件语句“case SAMPLEAPP_PERIODIC_CLUSTERID:”。这是在发送部分设置的表示周期性发送数据的编号。

在添加代码处，可以对接收到的数据进行处理（不局限于串口发送）。这里的三行代码都是串口发送的。

重点看一下“afIncomingMSGPacket_t *pkt”，所有的数据和信息都在函数传进来的 afIncomingMSGPacket_t 里，查看这个定义：

```
⊞ afIncomingMSGPacket_t
```

它是一个结构体，里面包含了数据包的所有内容。重点关注其中的 afMSGCommandFormat_t。查看它的定义。

```
⊞ afMSGCommandFormat_t
```

这里就有所传送的数据内容。其中，DataLength 就是数据长度，Data 就是数据内容的指针。HalUARTWrite(0, &pkt->cmd.Data[0], pkt->cmd.DataLength);这个代码的功能就是把接收到的数据发送给串口。

4．程序刻录

下载程序时需要选择模式，如图 3-67 所示。CoordinatorEB 模式时下载到协调器（连接计算机的那个），EndDeviceEB 模式时下载到终端模块。

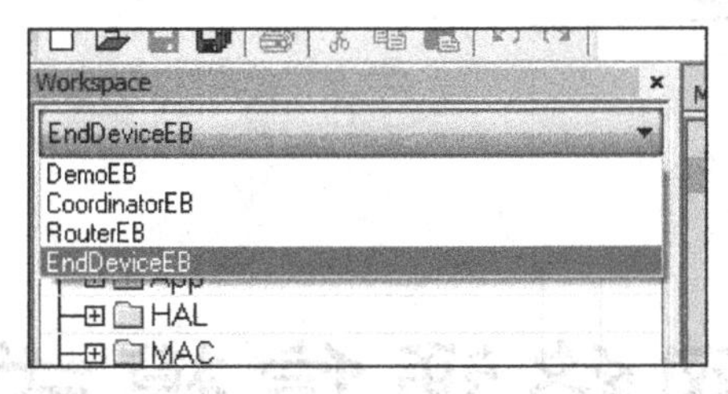

图 3-67　刻录程序

至此，新增无线数据传输实验结束。新增任务工作流程如图 3-68 所示。

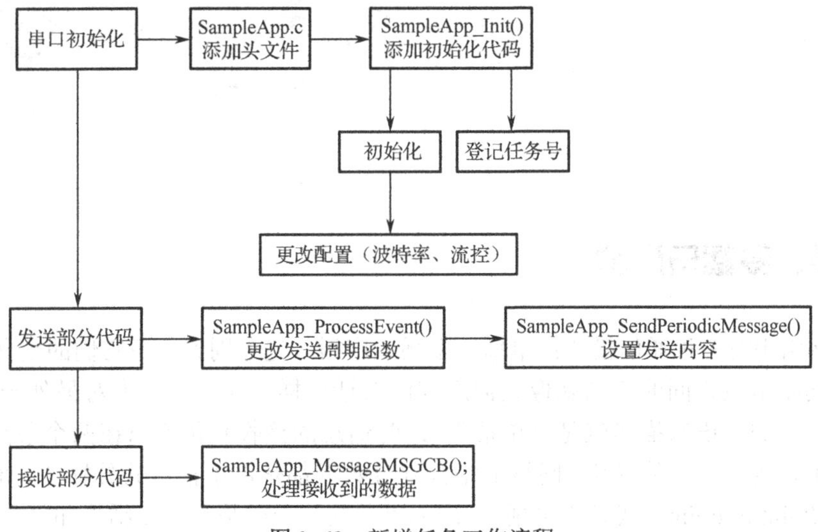

图 3-68　新增任务工作流程

练习题 3

（1）ZigBee 网络设备类型有哪几种，对硬件资源各有什么要求？

（2）ZigBee 网络的拓扑结构分为哪几种？各有什么优缺点？

（3）ZigBee 协议栈分为哪几层？用户代码一般在哪一层？

（4）ZigBee 网络信道和网络号在哪里设置？

（5）ZigBee 信道有哪几个频段可以使用，速度如何？

（6）ZigBee 协议栈中 HAL_UART.h 与 MT_UART.h 都是描述串口的，有何不同？

（7）在 ZigBee 协议栈中新增任务有哪几步？

第4章 网络通信模式

4.1 单播、多播与广播

当前的网络中有三种通信模式：单播、多播、广播。先分别看一下它们的定义。

单播：网络节点之间的通信就像人们之间的对话一样。如果一个人对另外一个人说话，那么用网络技术的术语来描述就是“单播”，此时信息的接收和传递只在两个节点之间进行。单播在网络中得到了广泛的应用，网络上绝大部分数据都是以单播形式传输的。通常使用“点对点通信”（Point to Point）代替“单播”，因为“单播”一般是与“多播”和“广播”相对而言的。

多播：也可以称为“组播”。网上视频会议、网上视频点播特别适合采用多播方式。如果采用单播方式，逐个节点进行传输，有多少个目标节点就会有多少次传送，这种方式显然效率极低，是不可取的；如果采用不区分目标、全部发送的广播方式，虽然一次可以传送完数据，但是显然达不到区分特定数据接收对象的目的。采用多播方式，既可实现一次传送数据给所有目标节点，也可以达到只对特定对象传送数据的目的。

广播：在网络中应用较多，同单播和多播相比，广播几乎占用了子网内网络的所有带宽。

在这几种模式中，多播出现时间最晚，但同时具备单播和广播的优点，最具发展前景。

ZigBee 网络支持这三种模式的数据通信。那这三种模式该如何设置，又在哪里设置呢？之前学习的 ZigBee 协议栈中，进行数据发送时调用 AF_DataRequest()：

```
afStatus_t AF_DataRequest( afAddrType_t *dstAddr, //目的节点指针
                endPointDesc_t *srcEP,            //发送节点的端点描述符指针
                          uint16 cID,             //ClusID 簇 ID 号
    uint16 len,                                   //发送数据的长度
    uint8 *buf,       //指向存放发送数据的缓冲区指针
    uint8 *transID,//传输序列号，该序列号随着信息的发送而增加
    uint8 options, //发送选项
    uint8 radius   //最大传输半径（发送的跳数）
    )
```

参数 afAddrType_t *dstAddr 包含了目的节点的网络地址、端点号及数据传送的模式，如单播、广播或多播等。

afAddrType_t 是个结构体，具体如下：

```
typedef struct
{
  union
  {
    uint16 shortAddr;           //用于标识该节点网络地址的变量
  } addr;
afAddrMode_t addrMode;          //用于指定数据传送模式，单播、多播还是广播
byte endPoint;                  //端点号
} afAddrType_t;                 //其定义在 AF.h 中
```

在 ZigBee 网络中，数据包可以单播（unicast）、多播（multicast）或广播，所以必须有地址模式参数。一个单播数据包只发送给一个设备，多播数据包则传送给一组设备，而广播数据包则发送给整个网络的所有节点。因此上述结构体中的 afAddrMode_t addrMode 就用于指定数据传送模式，属于枚举类型，可以设置以下几个值：

```
typedef enum
{
  afAddrNotPresent = AddrNotPresent,     //表示通过绑定关系指定目的节点
  afAddr16Bit = Addr16Bit,               //单播
  afAddrGroup = AddrGroup,               //多播
  afAddrBroadcast = AddrBroadcast        //广播
} afAddrMode_t;
enum
{
  AddrNotPresent = 0,
  AddrGroup = 1,
  Addr16Bit = 2,
  Addr64Bit = 3,
  AddrBroadcast = 15
};
```

看到这里就知道通信方式在哪里设置了，在不同的通信模式下，要设置哪些参数呢？

单播：有两种设置方式：一种是绑定传输 my_DstAddr.addrMode= (afAddrMode_t) AddrNotPresent；另一种是直接指定目标地址的单播传输，比如协调器就是 0x0000。

单播绑定传输：

```
    my_DstAddr.addrMode=(afAddrMode_t)Addr16Bit;     //单播发送
    my_DstAddr.endPoint=GENERICAPP_ENDPOINT;         //目的端口号
    my_DstAddr.addr.shortAddr=0;                     //按照绑定的方式进行单播，
//不需要指定目标地址，需要先将两个设备绑定，将两个设备绑定后即可通信
```

直接指定目标地址的单播传输：标准寻址模式，它将数据包发送给一个已经知道网络地址的网络设备，将 afAddrMode 设置为 Addr16Bit 并在数据包中携带目标地址。

```
    my_DstAddr.addrMode=(afAddrMode_t)Addr16Bit;         //单播发送
    my_DstAddr.endPoint=GENERICAPP_ENDPOINT;             //目的端口号
    my_DstAddr.addr.shortAddr=0x0000;                    //目标地址
```

广播：当应用程序需要将数据包发送给网络的每个设备时，使用这种模式。地址模式设置为 AddrBroadcast。目标地址 my_DstAddr.addr.shortAddr 可以根据需求设置为下面广播地址中的一种。

NWK_BROADCAST_SHORTADDR_DEVALL(0xFFFF)——数据包将被发送给网络上的所有设备，包括睡眠中的设备。对于睡眠中的设备，数据包将被保留在其父亲节点，直到查询到它，或者消息超时（NWK_INDIRECT_MSG_TIMEOUT 在 f8wConifg.cfg 中）。

NWK_BROADCAST_SHORTADDR_DEVRXON(0xFFFD)——数据包将被发送给网络上的所有在空闲时打开接收功能的设备（RXONWHENIDLE），也就是说，除了睡眠中的所有设备。

NWK_BROADCAST_SHORTADDR_DEVZCZR(0xFFFC)——数据包被发送给所有路由器，包括协调器。

```
    my_DstAddr.addrMode=(afAddrMode_t)AddrBroadcast;   //广播发送
    my_DstAddr.endPoint=GENERICAPP_ENDPOINT;           //目的端口号
    my_DstAddr.addr.shortAddr=0xFFFF;                  //协调器网络地址
```

多播：当应用程序需要将数据包发送给网络上的一组设备时，使用该模式。地址模式设置为 afAddrGroup，并且 addr.shortAddr 设置为组 ID。

（1）首先声明一个组对象 aps_Group_t SampleApp_Group。

aps_Group_t 结构体的定义：

```
    typedef struct
    {
      uint16 ID;                          // Unique to this table
      uint8  name[APS_GROUP_NAME_LEN]; // #define APS_GROUP_NAME_LEN  16
    } aps_Group_t;
```

每个组都有个特定的 ID 和组名，组名存放在 name 数组中，name 数组的第一个元素是

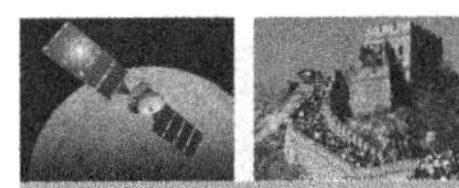

组名的长度，第二个元素开始为组名字符串。

（2）对 SampleApp_Group 赋值：

```
// By default, all devices start out in Group 1
SampleApp_Group.ID = 0x0003;                              //初始化组 ID
osal_memcpy( SampleApp_Group.name, "Group 3", 7 );        //将组名的长度写入
//name 数组的第一个元素位置处
```

（3）在本任务里将端点加入组中：

```
aps_AddGroup( SAMPLEAPP_ENDPOINT, &SampleApp_Group );
```

（4）设定通信的目标地址及模式：

```
// Setup for the flash command's destination address - Group 1
SampleApp_Flash_DstAddr.addrMode = (afAddrMode_t)afAddrGroup;
SampleApp_Flash_DstAddr.endPoint = SAMPLEAPP_ENDPOINT;
SampleApp_Flash_DstAddr.addr.shortAddr = SampleApp_Group.ID ;
```

通信时，将发送设备的输出 cluster 设定为接收设备的输入 cluster，另外，profileID 设定为相同，即可通信。

（5）若要把一个设备加入组中的端点从组中移除，可调用 aps_RemoveGroup()：

```
aps_Group_t *grp;
grp = aps_FindGroup( SAMPLEAPP_ENDPOINT, SAMPLEAPP_FLASH_GROUP );
if ( grp )
{
  // Remove from the group
  aps_RemoveGroup( SAMPLEAPP_ENDPOINT, SAMPLEAPP_FLASH_GROUP );
}
```

注意：组可以用来关联间接寻址。在绑定表中找到的目标地址可能是单点传送地址或一个组地址。另外，广播可以看作多播的特例。

4.2 广播实例

4.2.1 程序流程设计

如图 4-1 所示是广播通信的设计框图，要求实现天然气传感器节点（节点号 CHGQ=0x05）和继电器传感器节点（节点号 CHGQ=0x0B）、温湿度传感器节点（节点号 CHGQ=0x09）、热释电传感器节点（节点号 CHGQ=0x0A）及语音传感器节点（节点号 CHGQ=0x0C）4 个传感器节点之间的广播通信。具体功能：按下天然气传感器节点的 KEY1，表示广播通信，其他 4 个传感器节点接收到广播信号“LED1”后，各自传感器电路板上的 LED1 闪烁 3 次。

在进行实验代码编写之前，必须熟悉软件流程图，从整体上把握程序的执行过程和模块划分。ZigBee 协调器和天然气传感器节点及其他传感器节点的功能不相同。因而要分别

设计其程序流程图。在广播通信中，协调器的作用是建立网络，分配网内地址。天然气传感器节点是主角，其他传感器节点配合并响应天然气传感器节点完成本次实验。

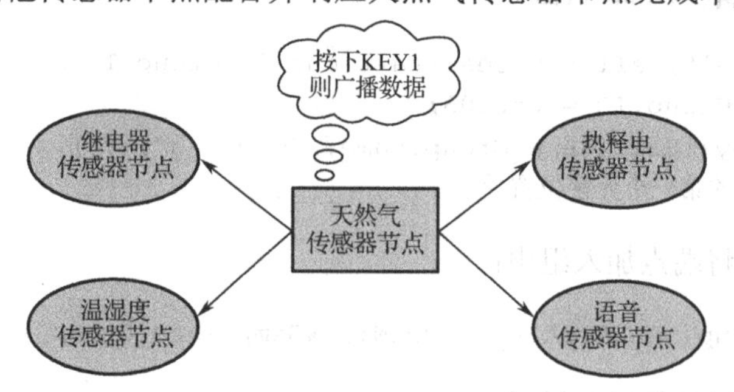

图 4-1　广播通信的设计框图

图 4-2 所示为天然气传感器节点的程序流程图，该节点也是整个广播通信的入口点。先将协调器程序下载到协调器节点上，由协调器建立网络，将改写好的传感器节点程序分别下载到相应的节点中，上电后加入网络。按下天然气传感器电路板上的按键 KEY1 进行广播，其他传感器节点接收到相应的广播信号后，相应的 LED1 灯闪烁。

图 4-3 所示为除天然气传感器节点外的 4 个传感器节点的程序流程图，传感器节点接收广播数据时，LED1 闪烁 3 次。

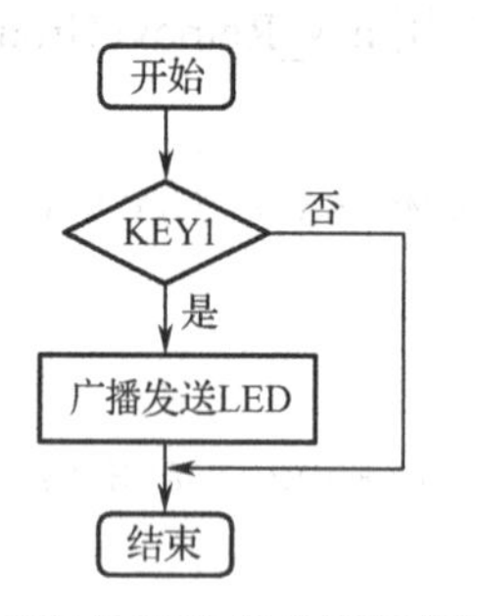

图 4-2　天然气传感器节点的程序流程图

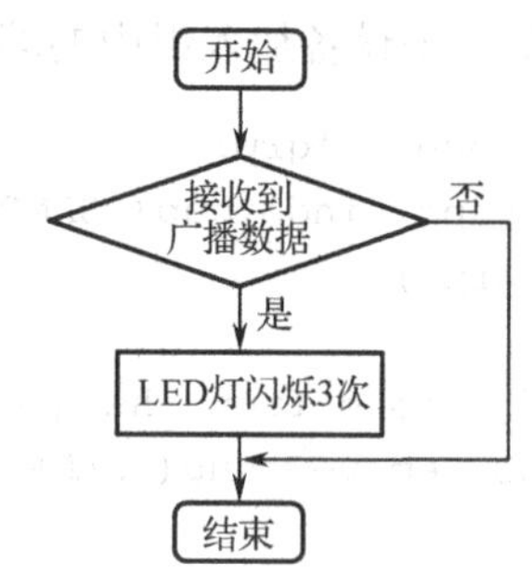

图 4-3　其他传感器节点的程序流程图

4.2.2　实验步骤

1. 定义簇描述符、简单设备描述符和节点描述符

首先打开工程文件 sampleapp.eww。图 4-4 所示界面为 IAR 8.10 版本打开协议栈 2007 的界面。

在图 4-4 所示界面中，上方方框里的内容即为本次实验的簇 ID 设置。这个簇 ID 被定义为 SAMPLEAPP_PERIODIC_CLUSTERID。这个簇 ID 用于在数据接收后判定是否为有效数据。

```
const cId_t SampleApp_ClusterList[SAMPLEAPP_MAX_CLUSTERS] =
{
  SAMPLEAPP_PERIODIC_CLUSTERID,       //点对点
  SAMPLEAPP_FLASH_CLUSTERID,          //多播
  SAMPLEAPP_BROADCAS                  //广播
};
```

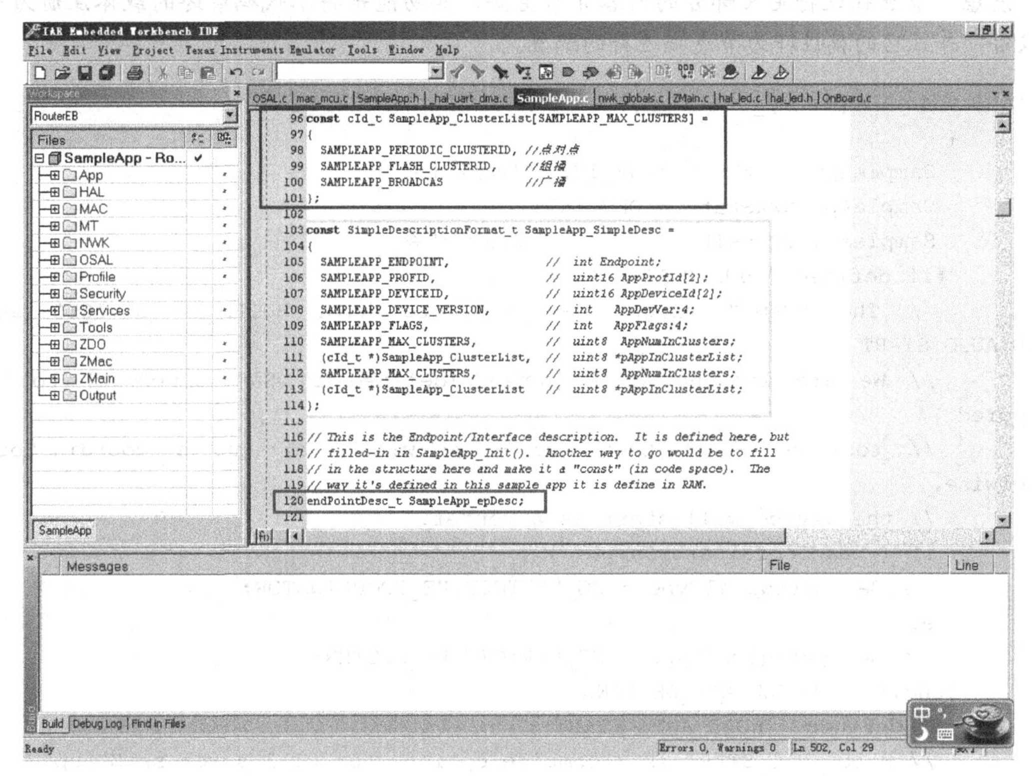

图 4-4　IAR 工程界面

将代码添加到相应的程序段中。

在图 4-4 中间方框里定义的是简单设备描述符：

```
const SimpleDescriptionFormat_t SampleApp_SimpleDesc =
{SAMPLEAPP_ENDPOINT,                    // int Endpoint;
  SAMPLEAPP_PROFID,                     // uint16 AppProfId[2];
  SAMPLEAPP_DEVICEID,                   // uint16 AppDeviceId[2];
  SAMPLEAPP_DEVICE_VERSION,             // int   AppDevVer:4;
  SAMPLEAPP_FLAGS,                      // int   AppFlags:4;
  SAMPLEAPP_MAX_CLUSTERS,               // uint8  AppNumInClusters;
  (cId_t *)SampleApp_ClusterList,       // uint8 *pAppInClusterList;
  SAMPLEAPP_MAX_CLUSTERS,               // uint8  AppNumInClusters;
  (cId_t *)SampleApp_ClusterList        // uint8 *pAppInClusterList;
};
```

将代码添加到相应的程序段中。

在图 4-4 下方的方框中，定义了节点描述符。

```
endPointDesc_t SampleApp_epDesc;
```

端点描述符是个结构体，其内容被赋值于初始化函数 SampleApp_Init()中。在下面代码中，包含了端点描述符的具体赋值内容，也包含了定义多播的通信模式。

注意：节点描述符定义部分的内容非常重要，其功能是将本代码最终的载体注册为一个设备，并且它的属性即为节点描述符的配置。

```
void SampleApp_Init( uint8 task_id )
{
  SampleApp_TaskID = task_id;   //注册任务 ID
  SampleApp_NwkState = DEV_INIT;
  SampleApp_TransID = 0;        //清除任务
 #if defined ( BUILD_ALL_DEVICES )
  // The "Demo" target is setup to have BUILD_ALL_DEVICES and HOLD_AUTO_START
  // We are looking at a jumper (defined in SampleAppHw.c) to be jumpered
  // together - if they are - we will start up a coordinator. Otherwise,
  // the device will start as a router.
  if ( readCoordinatorJumper() )
    zgDeviceLogicalType = ZG_DEVICETYPE_COORDINATOR;
  else
    zgDeviceLogicalType = ZG_DEVICETYPE_ROUTER;
#endif // BUILD_ALL_DEVICES
#if defined ( HOLD_AUTO_START )
  // HOLD_AUTO_START is a compile option that will surpress ZDApp
  // from starting the device and wait for the application to
  // start the device.
  ZDOInitDevice(0);
#endif

SampleApp_epDesc.endPoint = SAMPLEAPP_ENDPOINT;     //设置端口号
  SampleApp_epDesc.task_id = &SampleApp_TaskID;     //任务 ID
  SampleApp_epDesc.simpleDesc
          = (SimpleDescriptionFormat_t *)&SampleApp_SimpleDesc;//描述符
  SampleApp_epDesc.latencyReq = noLatencyReqs;

  // Register the endpoint description with the AF
  afRegister( &SampleApp_epDesc );

  // Register for all key events - This app will handle all key events
  RegisterForKeys( SampleApp_TaskID );//注册按键任务 ID 号
}
```

2. 添加按键代码

按键代码最终下载到各个传感器节点上。添加代码如下：

```
void SampleApp_HandleKeys( uint8 shift, uint8 keys ) (424 行)
{
```

```
    (void)shift;  // Intentionally unreferenced parameter

    if ( keys & HAL_KEY_SW_1 )
    {

    }
      if ( keys & HAL_KEY_SW_2 )
    {

    }
       if ( keys & HAL_KEY_SW_6 )    //P0.0 广播键  传感器节点进退组按键
    {
       #if (defined CHGQ)
        uint8 buf[4] = {'L','E','D','1'};
        if(CHGQ == 0x05)                //如果是天然气传感器，发送广播信号
            SampleApp_SendPeriodicMessage(buf,4);
       #endif
    }
    if ( keys & HAL_KEY_SW_7 )
    {

    }
}
```

将代码添加到相应的程序段中。

3. 添加数据发送处理代码

函数 SampleApp_SendPeriodicMessage()是最关键的内容，广播发送任务由它来完成，此函数代码：

```
void SampleApp_SendPeriodicMessage(uint8 *buf, uint8 Leng )
{

  SampleApp_Periodic_DstAddr.addrMode = (afAddrMode_t)AddrBroadcast;//广播
  SampleApp_Periodic_DstAddr.endPoint = SAMPLEAPP_ENDPOINT;
  SampleApp_Periodic_DstAddr.addr.shortAddr = 0xFFFF;  //广播地址

  if ( AF_DataRequest( &SampleApp_Periodic_DstAddr,
                       &SampleApp_epDesc,
                       SAMPLEAPP_BROADCAS,                  //广播
                       Leng,
                       buf,
                       &SampleApp_TransID,
                       AF_DISCV_ROUTE,
                       AF_DEFAULT_RADIUS ) == afStatus_SUCCESS )
  {
  }
```

```
    else
    {
      // Error occurred in request to send.
    }
  }
```

将代码添加到相应的程序段中。

函数 SampleApp_SendPeriodicMessage()完成了广播的无线发送。参数 uint8 *buf 表文存放需要发送的数据的缓冲区。参数 uint8 Leng 表文通过组播传输数据的长度。

发送函数内具体执行发送任务的是 AF_DataRequest()函数，其参数含义在单播中已介绍过。

4. 添加数据接收处理代码

这部分代码由传感器节点运行。传感器节点收到数据后判断其是否为“LED1”，以决定LED1 灯是否闪烁。具体代码如下：

```
void SampleApp_MessageMSGCB( afIncomingMSGPacket_t *pkt )
{
    switch(pkt->clusterId)
    {
      case SAMPLEAPP_PERIODIC_CLUSTERID:   //单播

      break;
      case SAMPLEAPP_FLASH_CLUSTERID:      //多播

      break;
      case SAMPLEAPP_BROADCAS:
     if( *pkt->cmd.Data == 'L' && *(pkt->cmd.Data+1) == 'E'
&& *(pkt->cmd.Data+2) == 'D'
&& *(pkt->cmd.Data+3)== '1')                    //读出无线接收到的数据
      {
          #ifndef  DT_COORD                     //广播
             HalLedBlink( HAL_LED_1, 3, 50, 500 ); //绿灯闪烁 3 次
          #endif
      }
      break;
    }
}
```

将代码添加到相应的程序段中。

5. 实验代码的下载

将协调器与开发主机通过仿真器连接。在工程编译时选择 CoordinatorEB，表示对当前工程中的协调器代码进行编译，如图 4-5 所示。

编译完后，单击工程中的 DEBUG 按钮，将程序下载到协调器节点中。在工程编译时选择传感器节点 RouterEB_PRO。具体方法参照 ZigBee 协议栈基础实验。然后分别通过仿真

器连接各传感器节点的仿真口。

6. 实验结果验证

实验结果验证可按照实验要求进行，验证流程如图 4-6 所示，按下天然气传感器电路板 KEY1 键，观察其他 4 个传感器的 LED1 是否闪烁。

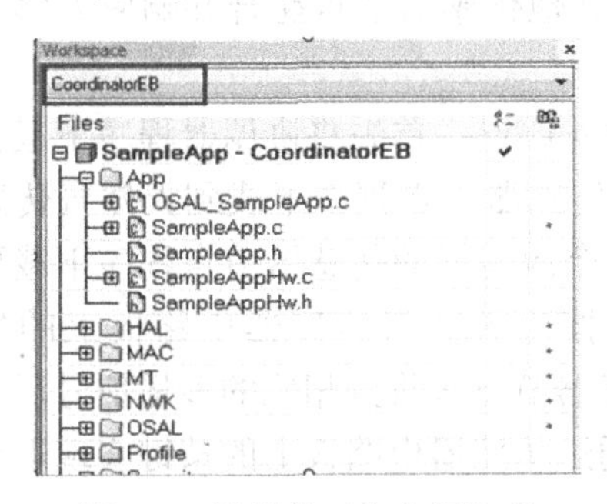

图 4-5　编译前工作空间选项

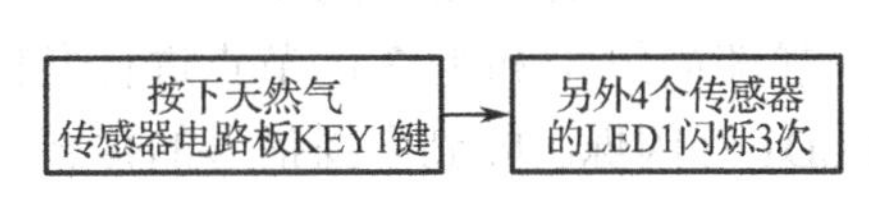

图 4-6　验证流程

4.3 多播实例

4.3.1 程序流程设计

多播也可视为广播的一种，是将其网络地址“缩小”的广播。如前所述，ZigBee 网络采用哪种形式，可根据其地址簇地址类型（如图 4-7 所示）来确定。

```
const cId_t SampleApp_ClusterList[SAMPLEAPP_MAX_CLUSTERS] =
{
  SAMPLEAPP_PERIODIC_CLUSTERID, //单播
  SAMPLEAPP_FLASH_CLUSTERID,    //多播
  SAMPLEAPP_BROADCAS            //广播
};
```

图 4-7　簇地址类型

如图 4-8 所示是多播通信的设计框图。要求通过天然气传感器节点上的按键控制实现组 1 传感器节点与组 2 传感器节点的多播通信。具体功能：按下天然气传感器电路板上的 KEY1 键，向所有属于组 1 的传感器节点发送“LED1”信号，当组 1 中的传感器节点接收到多播信号后，节点上的 LED1 闪烁 3 次。再按一次天然气传感器电路板上的 KEY1 按键，向所有属于组 2 的传感器节点发送“LED1”信号，当组 2 中的传感器节点接收到多播信号后，节点上的 LED1 闪烁 3 次。

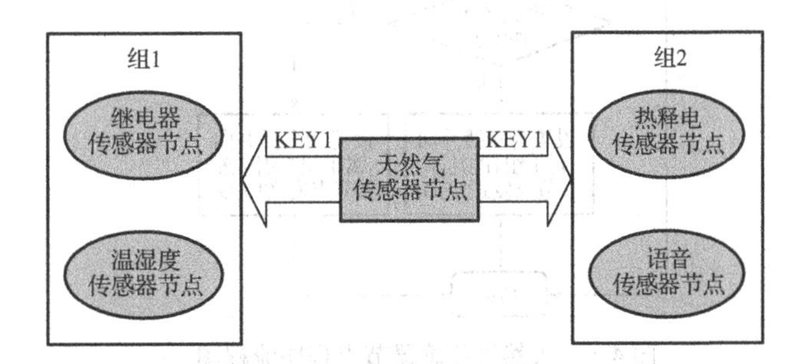

图 4-8　多播通信的设计框图

在每一个传感器电路板上都有一个按键，可以通过该按键进行“进组”和“退组”实

验，程序上电后默认的是进组状态。

在编写实验代码之前，必须先了解软件流程图，从整体上把握程序的执行过程和模块划分。ZigBee 协调器和天然气传感器节点及其他传感器节点的功能不同，因而要分别设计它们的流程图。在多播通信实验中，协调器节点的作用是建立网络，分配网内地址，在前面的实验中已经介绍过。天然气传感器节点是主角，其他传感器节点配合并响应天然气传感器节点，完成本次实验。

图 4-8 中的天然气传感器节点是整个多播通信的入口点。首先将协调器程序下载到协调器节点上，由协调器建立网络，将改写好的天然气传感器节点程序下载到天然气传感器节点上，并上电，进入网络，用相同的方法将其他 4 个改写好的传感器节点程序下载到相应的节点中，上电后加入网络，并进入相应的组。按下天然气传感器电路板上的按键 KEY1，轮流向组 1 和组 2 的节点进行多播，其他传感器节点接收到相应的多播信号后，相应的 LED1 灯闪烁。收到多播信号的传感器节点也可通过传感器电路板上的按键实现退组和再进组。

图 4-9 所示为天然气传感器节点程序流程图，天然气传感器节点接收到相应组的多播数据时，LED1 灯闪烁 3 次，按键可以选择传感器节点进组或退组。其他传感器节点程序流程图如图 4-10 所示。

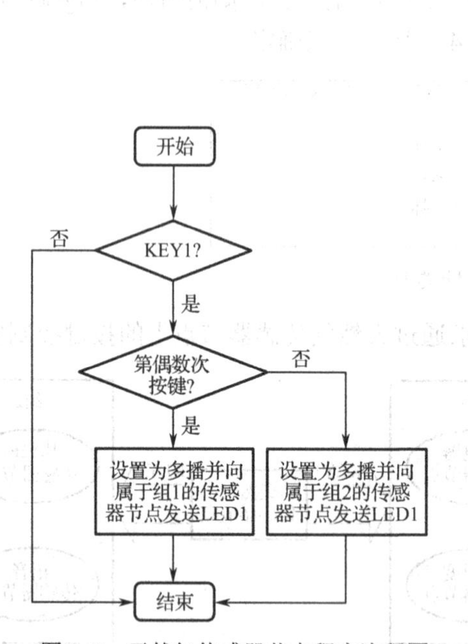

图 4-9　天然气传感器节点程序流程图

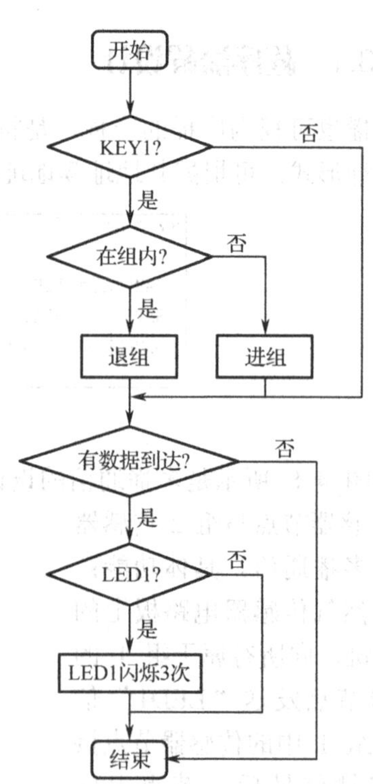

图 4-10　其他传感器节点程序流程图

4.3.2　实验步骤

1. 定义簇描述符、简单设备描述符和节点描述符

首先打开工程文件 sampleapp.eww，如图 4-11 所示。

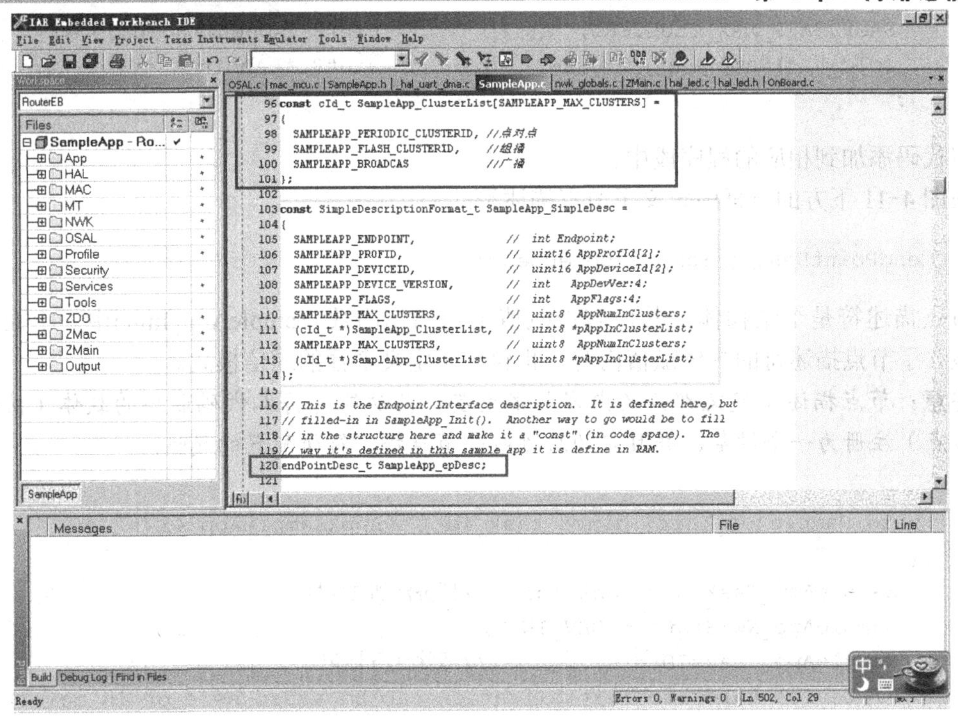

图 4-11　IAR 工程界面

在图 4-11 中，上方方框里的内容即为本次实验的簇 ID 设置。这个簇 ID 被定义为 SAMPLEAPP_PERIODIC_CLUSTERID。这个簇 ID 用于在数据接收后判定其是否为有效数据。

```
    const cId_t SampleApp_ClusterList[SAMPLEAPP_MAX_CLUSTERS] =（App\SampleApp.
c96 行）
    {
      SAMPLEAPP_PERIODIC_CLUSTERID,     //单播
      SAMPLEAPP_FLASH_CLUSTERID,        //多播
      SAMPLEAPP_BROADCAS                //广播
    };
```

将代码添加到相应的程序段中。

在图 4-11 中间的框里定义了简单设备描述符：

```
    const SimpleDescriptionFormat_t SampleApp_SimpleDesc =（App\SampleApp.
c101 行）

    {SAMPLEAPP_ENDPOINT,                //  int Endpoint;
      SAMPLEAPP_PROFID,                 //  uint16 AppProfId[2];
      SAMPLEAPP_DEVICEID,               //  uint16 AppDeviceId[2];
      SAMPLEAPP_DEVICE_VERSION,         //  int   AppDevVer:4;
      SAMPLEAPP_FLAGS,                  //  int   AppFlags:4;
      SAMPLEAPP_MAX_CLUSTERS,           //  uint8  AppNumInClusters;
      (cId_t *)SampleApp_ClusterList,   //  uint8 *pAppInClusterList;
```

```
    SAMPLEAPP_MAX_CLUSTERS,           // uint8  AppNumInClusters;
    (cId_t *)SampleApp_ClusterList    // uint8 *pAppInClusterList;
  };
```

将代码添加到相应的程序段中。

在图 4-11 下方的方框中定义了节点描述符：

```
endPointDesc_t SampleApp_epDesc;
```

节点描述符是个结构体，其内容被赋值于初始化函数 SampleApp_Init()中。下面代码中，包含了节点描述符的具体赋值内容，也包含了定义多播的通信模式。

注意：节点描述符定义部分的内容非常重要，其功能是将本代码最终的载体（协议实验板节点）注册为一个设备，并且它的属性就是节点描述符所配置的属性。

```
void SampleApp_Init( uint8 task_id ) (App\SampleApp243 行)
{
  SampleApp_TaskID = task_id;   //任务注册 ID 号
  SampleApp_NwkState = DEV_INIT;
  SampleApp_TransID = 0;        //清除任务标记
  // Device hardware initialization can be added here or in main()
//(Zmain.c).
  // If the hardware is application specific - add it here.
  // If the hardware is other parts of the device add it in main().
 #if defined ( BUILD_ALL_DEVICES )
  // The "Demo" target is setup to have BUILD_ALL_DEVICES and
//HOLD_AUTO_START
  // We are looking at a jumper (defined in SampleAppHw.c) to be
//jumpered
  // together - if they are - we will start up a coordinator.
//Otherwise,
  // the device will start as a router.
  if ( readCoordinatorJumper() )
    zgDeviceLogicalType = ZG_DEVICETYPE_COORDINATOR;
  else
    zgDeviceLogicalType = ZG_DEVICETYPE_ROUTER;
#endif // BUILD_ALL_DEVICES
#if defined ( HOLD_AUTO_START )
  // HOLD_AUTO_START is a compile option that will surpress ZDApp
  //  from starting the device and wait for the application to
  //  start the device.
  ZDOInitDevice(0);
#endif
// Setup for the flash command's destination address - Group 1
  // Fill out the endpoint description.
SampleApp_epDesc.endPoint = SAMPLEAPP_ENDPOINT;     //设置端口号
  SampleApp_epDesc.task_id = &SampleApp_TaskID;    //任务 ID
```

```
        SampleApp_epDesc.simpleDesc        =        (SimpleDescriptionFormat_t
*)&SampleApp_SimpleDesc; //描述符
        SampleApp_epDesc.latencyReq = noLatencyReqs;
          // Register the endpoint description with the AF
        afRegister( &SampleApp_epDesc );
        // Register for all key events - This app will handle all key events
        RegisterForKeys( SampleApp_TaskID );
         SampleApp_Group1.ID = 0x0001;    //组 1
        osal_memcpy( SampleApp_Group1.name, "Group 1", 7  );//给组 1 设置组名
        SampleApp_Group2.ID = 0x0002;     //组 2
        osal_memcpy( SampleApp_Group2.name, "Group 2", 7  );//给组 2 设置组名
       #if (defined CHGQ)
           if((CHGQ==0x0B)||(CHGQ==0x09))//继电器传感器节点和温湿度传感器节点加入组 1
               aps_AddGroup( SAMPLEAPP_ENDPOINT, &SampleApp_Group1 );
           if((CHGQ==0x0A)||(CHGQ==0x0C)) //热释电传感器节点和语音传感器节点加入组 2
               aps_AddGroup( SAMPLEAPP_ENDPOINT, &SampleApp_Group2 );
       #endif
       }
```

将代码添加到相应的程序段中。

2. 添加按键代码

按键代码最终下载到 5 个传感器节点（CHGQ=0x05、CHGQ=0x0B、CHGQ=0x09、CHGQ=0x0A 和 CHGQ=0x0C，分别对应天然气传感器、继电器传感器、温湿度传感器、热释电传感器和语音传感器 5 个传感器的节点号）上，用来检测天然气传感器电路板上的 KEY1 的状态变化，以及其他传感器节点的进组和退组情况。添加代码如下：

```
       void  SampleApp_HandleKeys(   uint8   shift,   uint8   keys   )   ( App\
SampleApp424 行)
       {
          (void)shift;  // Intentionally unreferenced parameter
       aps_Group_t *grp;

          if ( keys & HAL_KEY_SW_6 )  //P0.0  传感器节点按键
       {
              #if (defined CHGQ)
              aps_Group_t *grp;
              if(CHGQ==0x05)
              {
             static bool flag;          //用来标识是第偶数次按键还是奇数次按键
       uint8 Group[4] = {'L','E','D','1'};
       flag = ~flag;
       if(flag)
       SampleApp_SendFlashMessage(SAMPLEAPP_FLASH_GROUP1, Group,4);
       else
          SampleApp_SendFlashMessage(SAMPLEAPP_FLASH_GROUP2, Group,4);
```

```
            }
            if((CHGQ==0x0B)||(CHGQ==0x09))
            //如果是继电器传感器或温湿度传感器，判断是否在组1
                grp=aps_FindGroup(SAMPLEAPP_ENDPOINT,
SAMPLEAPP_FLASH_GROUP1);
            if((CHGQ==0x0A)||(CHGQ==0x0C))
            //如果是热释电传感器或语音传感器，判断是否在组2
                grp=aps_FindGroup(SAMPLEAPP_ENDPOINT,
SAMPLEAPP_FLASH_GROUP2);
            if(grp)  //如果传感器节点在组内
            {
                    // Remove from the group
                if((CHGQ==0x0B)||(CHGQ==0x09))
                // 如果是继电器传感器或温湿度传感器，退出组1
                    aps_RemoveGroup(SAMPLEAPP_ENDPOINT,
SAMPLEAPP_FLASH_GROUP1);
                if((CHGQ==0x0A)||(CHGQ==0x0C))
                //如果是热释电传感器或语音传感器，退出组2
                    aps_RemoveGroup(SAMPLEAPP_ENDPOINT,
SAMPLEAPP_FLASH_GROUP2);
            }
            else    //
            {
                    // Add to the flash group
                  if((CHGQ==0x0B)||(CHGQ==0x09))
                      aps_AddGroup( SAMPLEAPP_ENDPOINT,&SampleApp_Group1 );
                  if((CHGQ==0x0A)||(CHGQ==0x0C))
                      aps_AddGroup( SAMPLEAPP_ENDPOINT,&SampleApp_Group2 );
             }
             #endif
        }
        if ( keys & HAL_KEY_SW_7 )
         {

        }
        }
```

将代码添加到相应的程序段中。

CHGQ=0x05 表示天然气传感器节点，天然气传感器电路板上的 KEY1 对应 SW6，因而，由以上程序段可知，KEY1 按下第偶数次时，向组 1 中的传感器节点发送字符串“LED1”；KEY1 按下第奇数次时，向组 2 中的传感器节点发送字符串“LED1”。其中函数 SampleApp_SendFlashMessage()完成了多播的无线通信的发送。

在 SampleApp.h 中必须定义 SAMPLEAPP_FLASH_GROUP1 和 SAMPLEAPP_FLASH_GROUP2，具体定义如图 4-12 所示。

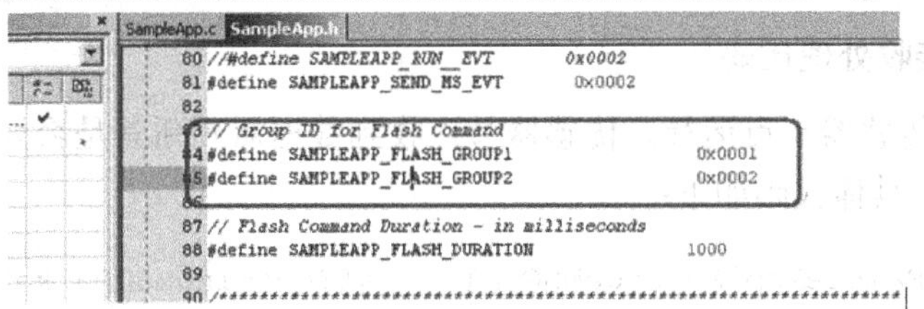

图 4-12　宏定义

CHGQ=0x0B、CHGQ=0x09、CHGQ=0x0A 和 CHGQ=0x0C 分别对应继电器传感器、温湿度传感器、热释电传感器和语音传感器 4 个传感器节点，其中继电器传感器和温湿度传感器对应组 1，热释电传感器和语音传感器对应组 2，按键 KEY1 对应 SW6，按下 KEY1 时，判断该传感器节点是否在相应的组内，如果在，则退组；否则进组。

3. 添加数据发送处理代码

注意：在 SampleApp.c 中，函数 SampleApp_SendFlashMessage()是最关键的内容，具体的组发送任务由它来完成。具体代码如下：

```
    void SampleApp_SendFlashMessage(uint16 AddrGroupID, uint8 *buf, uint8 Leng ) (App\SampleApp480 行)
    {
      SampleApp_Flash_DstAddr.addrMode = (afAddrMode_t)afAddrGroup;
      //组发送模式
      SampleApp_Flash_DstAddr.endPoint = SAMPLEAPP_ENDPOINT;   //端点号
      SampleApp_Flash_DstAddr.addr.shortAddr = AddrGroupID;    //组号
        if ( AF_DataRequest( &SampleApp_Flash_DstAddr,
                        &SampleApp_epDesc,
                        SAMPLEAPP_FLASH_CLUSTERID,             //多播
                        Leng,
                        buf,
                        &SampleApp_TransID,
                        AF_DISCV_ROUTE,
                        AF_DEFAULT_RADIUS ) == afStatus_SUCCESS )
      {
      }
      else
      {
        // Error occurred in request to send.
      }
    }
```

将以上代码添加到相应的程序段中。

函数 void SampleApp_SendFlashMessage（uint16 AddrGroupID, uint8 *buf, uint8 Leng）完成了多播的无线发送。其中参数 uint16 AddrGroupID 为多播的组号。参数 uint8 *buf 为存放需要发送的数据的缓冲区。参数 uint8 Leng 为通过多播传输数据的长度。

发送函数内具体执行发送任务的是 AF_DataRequest()函数，其参数含义在单播传输中已有介绍。

4. 添加数据接收处理代码

这部分代码由传感器节点运行。传感器节点收到数据后判断其是否为“LED1”，以决定LED1灯是否闪烁。具体代码如下：

```
    void    SampleApp_MessageMSGCB(    afIncomingMSGPacket_t    *pkt    )
(App\SampleApp464 行)
    {
        switch(pkt->clusterId)
        {
          case SAMPLEAPP_PERIODIC_CLUSTERID: //单播

          break;

          case SAMPLEAPP_FLASH_CLUSTERID:
          if( *pkt->cmd.Data == 'L' && *(pkt->cmd.Data+1) == 'E'&& *(pkt->cmd.Data+2) == 'D' && *(pkt->cmd.Data+3)== '1')//读出无线接收到的数据
          {
              #ifndef  DT_COORD
                HalLedBlink( HAL_LED_1, 3, 50, 500 ); //LED1 闪烁 3 次
              #endif
          }
          break;

         case SAMPLEAPP_BROADCAS:

         break;
        }
    }
```

将代码添加到相应的程序段中。

5. 实验代码的下载

将协调器与开发主机通过仿真器连接。在工程编译时选择 CoordinatorEB，表示对当前工程中的协调器代码进行编译，如图 4-13 所示。

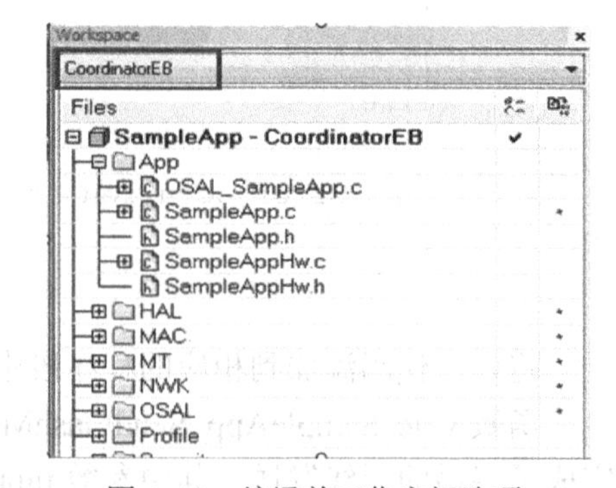

图 4-13　编译前工作空间选项

编译完成后，单击工程中的 DEBUG 按钮，将程序下载到协调器节点中。

然后通过仿真器分别连接各传感器节点的下载口，与协调器下载程序方法相同，只是需要在编译之前添加传感器节点的预编选项，例如，CHGQ=0x05 表示天然气传感器节点，同理，CHGQ=0x0B、CHGQ=0x09、CHGQ=0x0A 和 CHGQ=0x0C 分别对应继电器传感器、温湿度传感器、热释电传感器和语音传感器 4 个传感器，如图 4-14 所示。将预编译项选择为 RouterEB。

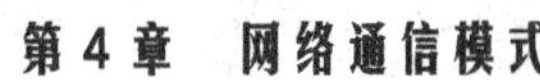

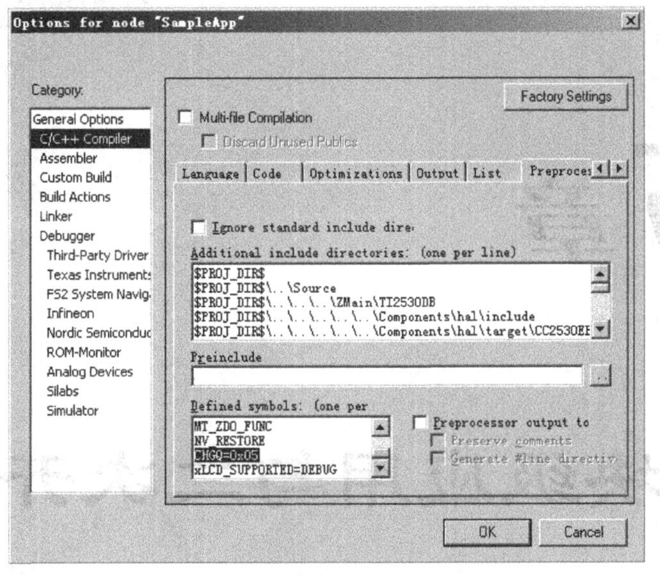

图 4-14　预编译选项添加协议实验板

6. 实验结果验证

实验结果验证可按照实验要求进行，验证流程如图 4-15 所示， KEY1 按下第偶数次时，观察属于组 1 的传感器节点的 LED1 是否闪烁；同理，KEY1 按下第奇数次时，观察属于组 2 的传感器节点的 LED1 是否闪烁。

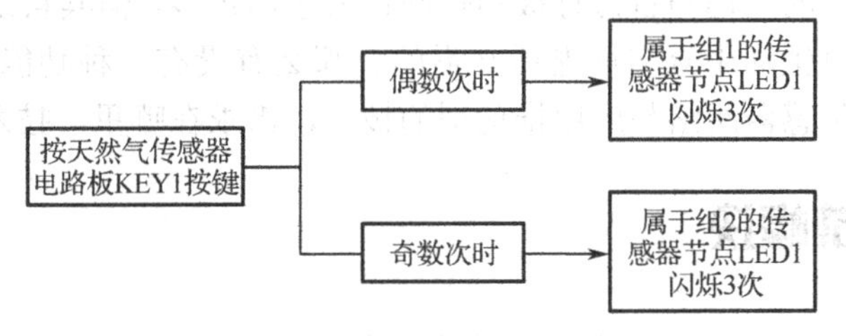

图 4-15　验证流程

练习题 4

（1）请解释单播、多播和广播的含义。

（2）广播有何缺陷和不足？

（3）在 ZigBee 网络中，如何确定网络通信的类型？

ZigBee 协议栈复杂的结构与百万行级的代码让人望而却步，但其自组网、多跳、低功耗等强大的优势却又是解决生活中众多问题所必需的。那么有没有一种功能强大而又简单易用的 ZigBee 设备呢？无线传感器网络是应用推动型的技术，需求在哪里，技术就产生在哪里。

5.1 ZigBee 集成模块

在国际上，最为知名的 ZigBee 集成模块当属美国 DIGI 公司推出的 XBee 模块。XBee 产品架构如图 5-1 所示。XBee 是一种远距离、低功耗的数据传输模块，频段有 2.4 GHz、900 MHz、868 MHz 三种，同时可兼容 802.15.4 协议，可组 Mesh 网络，每个模块都可以作为路由节点、协调器及终端节点。

图 5-1　XBee 产品架构

模块内置协议栈，可通过 X-CTU 及 ZigBee Operator 这两款软件进行调试。模块的配置方式有两种，分别是 API（Application Programming Interface，应用程序编程接口）和 AT（ATtention，一种以 AT 开头的命令集，用于终端与适配器之间的命令传输，将在第 6 章详细描述）命令。模块有嵌入式和贴片两种，即插即用自组网，更方便使用。应用范围也非常广泛，包括智能家居、远程控制、无线抄表、传感器、无线检测和资产管理等，同时还有对应的 iDIGI 平台，提

供各种常用的接入方式，更加便于远程控制。尤其是 XBee 与 Arduino 模块的结合，扩展了其应用范围，如图 5-2 所示。

图 5-2　XBee 与 Arduino 模块

国内也有众多公司推出了封装 ZigBee 协议栈的模块，其中深圳鼎泰克公司（以下简称 DTK）的 DRF 系列模块将广大开发者熟悉的 UART 串口数据转为 ZigBee 传输，大大降低了开发难度。DRF1607H 就是其中比较成功的模块，如图 5-3 所示。开发者只需通过 UART 串口将数据传送给 DRF1607H 模块，该模块即可自动按照预先配置好的方式组建 ZigBee 网络，完成数据的传输。DRF1607H 模块最小系统如图 5-4 所示。

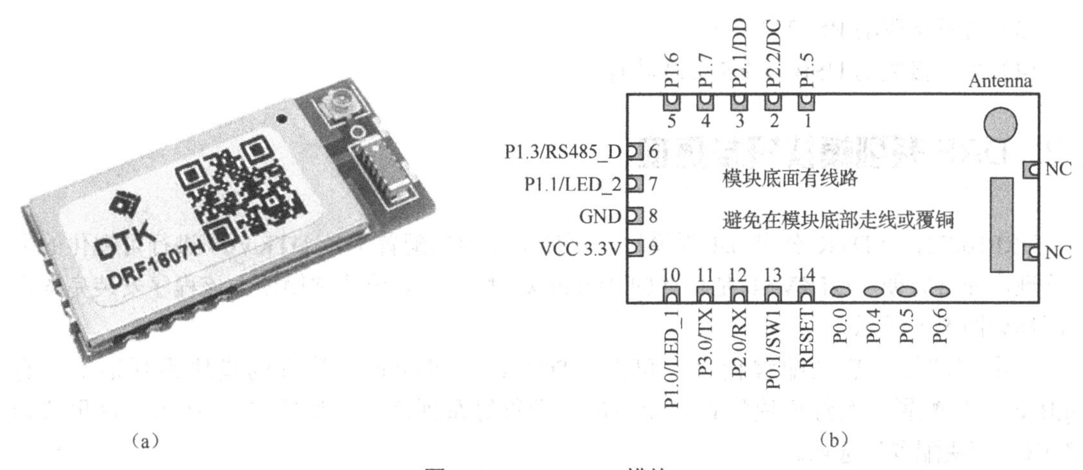

图 5-3　DRF1607H 模块

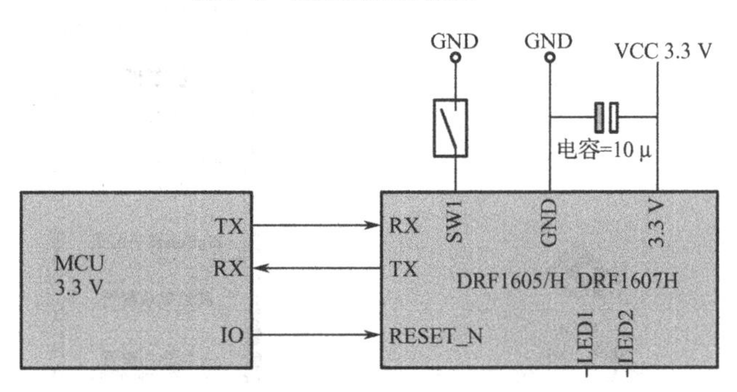

图 5-4　DRF1607H 模块最小系统

该模块的常用电气参数如下。

1）输入电压：标准 DC 3.3 V，范围 2.6～3.6 V；

2）温度范围：-40～85 ℃；

3）串口速率：38 400 bps（默认），可设置 9600 bps、19 200 bps、57 600 bps、115 200 bps；

4）无线频率：2.4 GHz（2460 MHz），用户可通过串口指令更改频道（2405～2480 MHz，步长：5 MHz）；

5）无线协议：ZigBee 2007；

6）传输距离：可视、开阔，传输距离 1600 m（使用 IPEX 外接 2 dBm 天线）；可视、开阔，传输距离 400 m（使用贴片天线）；

7）工作电流：发射时，120 mA（最大），80 mA（平均）；接收时，45 mA（最大）；待机时，40 mA（最大）；

8）接收灵敏度：-110 dBm；

9）主芯片：CC2530F256、256KBFlash；

10）可配置节点：可配置为协调器节点和路由器节点。出厂默认值为：路由器节点，PAN ID=0x199B，频道=22（2460 MHz）；

11）接口：UART 3.3V TX-RX；

12）内置 RS-485 方向控制，可直接驱动 RS-485 芯片；

13）可直接驱动 RS-232 芯片；

14）可直接驱动 USB 转 RS-232 芯片。

5.2 DRF 系列模块开发环境

DRF1607H 为 DTK 公司 6.4 版模块，可使用专用的配置工具 DTKV64 进行可视化的配置管理，非常方便。DTKV64 是标准的 Windows 程序，安装非常简便。该程序安装完毕后的图标如图 5-5 所示。

双击该图标，启动配置程序，可见，DTKV64 可配置、管理的模块系列很多，有 ZigBee 模块配置、路灯模块配置、无线串口配置等系列产品，如图 5-6 所示。这里选择“ZigBee 模块配置”选项。

图 5-5　DTKV64 图标

图 5-6　DTKV64 程序界面

DTKV64 通过串口与 ZigBee 模块进行通信，模块默认的通信速率为 38 400 bps，可通过配置软件或配置命令将其设置为 9600 bps、19 200 bps、57 600 bps、115 200 bps 等其他速率。图形界面的配置方法见图 5-7 中的“波特率”栏。配置完成之后，就可以通过计算机上的串口调试助手等工具按照相同的串口配置方式进行各类通信。注意：有些设置如节点类型、频道等，在设置后需要重启模块才能起作用。

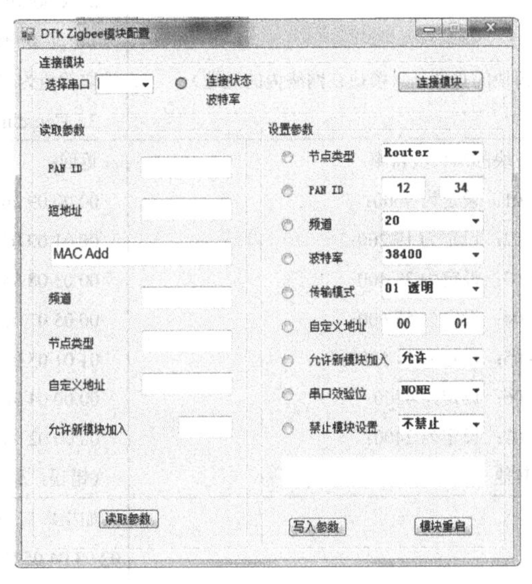

图 5-7　DTKV64 程序界面

除了图形化的配置方式，DRF 系列模块还有相应的“指令系统”，以方便使用微控制器进行控制。当前版本的设置指令共有 21 条，其中 19 条有效，2 条失效。微控制器将指令通过串口以既定速率发送给 ZigBee 模块后，模块根据设置情况返回相应的表示指令是否执行成功的数值。表 5-1 是 DRF1600 系列模块设置指令、功能、返回值及是否重启有效的详细表格。

表 5-1　DRF1600 系列模块设置指令、功能、返回值及是否重启有效（以下数据均为十六进制数值）

序号	指　令	功　能	返 回 值	是否重启有效
1	FC 02 91 01 XX XX XY （XY=前 6 字节的和，保留低 8 位，下同）	设定模块的 PAN ID 为特定值 XX XX。 1．将模块的 PAN ID 设定为 FF FF： 如果是 Coordinator，则重启后自动产生一个新的 PAN ID； 如果是 Router，则重启后自动寻找新的网络加入，不可以设定为 FF FE。 2．重设 PAN ID 后（或同样的值重设后）： 如果是 Coordinator，则清除已加入网络的节点； 如果是 Router，则清除已加入的网络，重新寻找网络并加入网络。 3．如果该模块为 Coordinate，设定的 PAN ID 与原值相同，则模块拒绝重新设定，并回复：FA 16 17 18 19 1A 72	XX XX 例如输入：FC 02 91 01 12 34 D6； 返回：12 34	是

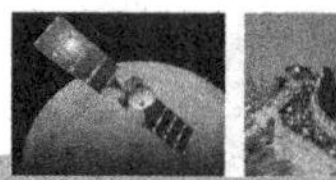

续表

序号	指　令	功　能	返 回 值	是否重启有效
2	FC 00 91 03 A3 B3 XY	读取模块的 PAN ID 值	1. 如果 Router 还没加入网络，则读取的值为 FF FE； 2. Coordinator 读取为设定值	否
3	FC 00 91 04 C4 D4 XY	读取模块的短地址（模块在网络内的地址）	1. 如果模块还没有加入网络，则读取的值为 FF FE； 2. Coordinator 的地址永远是 00 00	否
4	FC 01 91 06 XX F6 XY	设置模块的串口波特率。 XX = 01：设定为 9600； XX = 02：设定为 19 200； XX = 03：设定为 38 400； XX = 04：设定为 57 600； XX = 05：设定为 11 5200； XX = 06：设定为 4800； XX = 07：设定为 2400； XX=其他	返回： 00 00 09 06 00 00 00 01 09 02 00 00 00 03 08 04 00 00 00 05 07 06 00 00 01 01 05 02 00 00 00 00 04 08 00 00 00 00 02 04 00 00 （错误，无返回）	是
5	FC 00 91 07 97 A7 XY	测试串口波特率	如果串口波特率正确，则返回：01 02 03 04 05 FF X1 X2； X1 X2 代表软件的版本号。例如 X1 = 05，X2 = 02，表示软件版本为 V5.2； 如果串口波特率错误，则无返回	否
6	FC 00 91 08 A8 B8 XY	读取模块的 MAC 地址	8 字节的 MAC 地址，如 00 12 4B FF 56 78 FE FF	否
7	FC 00 91 09 A9 C9 XY	将模块设定为 Coordinator （同时 PAN ID 改为默认值 19 9B）	如果设定正确，则返回： 43 6F 6F 72 64 3B 00 19	是
8	FC 00 91 0A BA DA XY	将模块设定为 Router （同时 PAN ID 改为默认值 19 9B）	如果设定正确，则返回： 52 6F 75 74 65 3B 00 19	是
9	FC 00 91 0B CB EB XY	读取模块的节点类型	如果是 Coordinator，则返回： 43 6F 6F 72 64 69 如果是 Router，则返回： 52 6F 75 74 65 72	否
10	FC 01 91 0C XX 1A XY	设置模块的无线频道。 XX = 0B：设定为 Channel 11，频率为 2405 MHz XX = 0C：设定为 Channel 12，频率为 2410 MHz XX = 0D：设定为 Channel 13，频率为 2415 MHz XX = 0E：设定为 Channel 14，频率为 2420 MHz XX = 0F：设定为 Channel 15，频率为 2425 MHz XX = 10：设定为 Channel 16，频率为 2430 MHz XX = 11：设定为 Channel 17，频率为 2435 MHz	返回： 00 08 00 00 0B 00 10 00 00 0C 00 20 00 00 0D 00 40 00 00 0E 00 80 00 00 0F 00 00 01 00 10 00 00 02 00 11	是

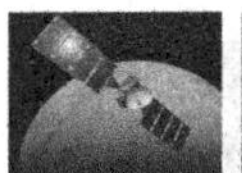

续表

<table>
<tr><th>序号</th><th>指　令</th><th>功　能</th><th>返 回 值</th><th>是否重启有效</th></tr>
<tr><td>10</td><td>FC 01 91 0C XX 1A XY</td><td>XX = 12：设定为 Channel 18，频率为 2440 MHz
XX = 13：设定为 Channel 19，频率为 2445 MHz
XX = 14：设定为 Channel 20，频率为 2450 MHz
XX = 15：设定为 Channel 21，频率为 2455 MHz
XX = 16：设定为 Channel 22，频率为 2460 MHz
XX = 17：设定为 Channel 23，频率为 2465 MHz
XX = 18：设定为 Channel 24，频率为 2470 MHz
XX = 19：设定为 Channel 25，频率为 2475 MHz
XX = 1A：设定为 Channel 26，频率为 2480 MHz</td><td>00 00 04 00 12
00 00 08 00 13
00 00 10 00 14
00 00 20 00 15
00 00 40 00 16
00 00 80 00 17
00 00 00 01 18
00 00 00 02 19
00 00 00 04 1A</td><td>是</td></tr>
<tr><td>11</td><td>FC 00 91 0D 34 2B XY</td><td>读取模块的无线频道</td><td>返回：
00 00 08 00 52 0B
00 00 10 00 52 0C
00 00 20 00 52 0D
00 00 40 00 52 0E
00 00 80 00 52 0F
00 01 00 00 52 10
00 02 00 00 52 11
00 04 00 00 52 12
00 08 00 00 52 13
00 10 00 00 52 14
00 20 00 00 52 15
00 40 00 00 52 16
00 80 00 00 52 17
01 00 00 00 52 18
02 00 00 00 52 19
04 00 00 00 52 1A</td><td>否</td></tr>
<tr><td>12</td><td>FC 01 91 64 58 XX XY</td><td>设定模块的数据传输方式：
<table>
<tr><td>XX</td><td>透明传输</td><td>点对点</td></tr>
<tr><td>00</td><td>透明传输</td><td>含包头、包尾</td></tr>
<tr><td>01</td><td>透明传输</td><td>含包头、包尾</td></tr>
<tr><td>02</td><td>+短地址</td><td>含包头、包尾</td></tr>
<tr><td>03</td><td>+ MAC 地址</td><td>含包头、包尾</td></tr>
<tr><td>04</td><td>保留</td><td>保留</td></tr>
<tr><td>05</td><td>+自定义地址</td><td>含包头、包尾</td></tr>
<tr><td>06</td><td>透明传输</td><td>不含包头、包尾（ZigBee 短地址）</td></tr>
<tr><td>07</td><td>透明传输</td><td>不含包头、包尾（用户定义地址）</td></tr>
<tr><td>08</td><td>可靠透明传输</td><td></td></tr>
</table></td><td>XX：00～08 共 9 个值，超出范围的当成透明传输数据；
指令正确则返回：06 07 08 09 0A XX；
如果写入不成功则返回：16 17 18 19 1A FF；
在模式 02 03 04 05 06 07 08 及所有点对点传输中：数据包最大为 32 字节，超出可能出错；
模式 08 只能对 Router 进行设置、有效；
“设置传输模式”均指：对发送方进行设置，对数据传输的影响如左表所示；
模式 07 的点对点传输，只是 Coordinator 发送到 Router 有效，即 Coordinator 可任意发送到指定的自定义 Router 模块</td><td>否</td></tr>
</table>

续表

序号	指　令	功　能	返 回 值	是否重启有效
13	FC 00 91 87 6A 35 XY	模块软件重启	1 s后系统重启成功	—
14	FC 32 C3 X1 X2 01 XY	设定Router地址（用户自定义地址）： X1 X2＝0001－FF00； 不可设定为0000（0000是Coordinator的地址）； 这条指令只可以设定Router的地址，Coordinator的地址永远是0000； 这个地址是用户自己设定的地址，与ZigBee系统的短地址无关	如果设定成功，则返回：X1 X2； 设定不成功，则无返回	否
15	FC 33 D4 A1 A2 01 XY	读取Router地址（用户自定义地址），只是读取Router的地址； 这个地址是用户自己设定的地址，与ZigBee系统的短地址无关	X1 X2	否
16	FC 01 91 9E 46 XX XY	设定串口校验格式。 XX＝0：无效验None； XX＝1：奇效验Odd； XX＝2：偶效验 Even	设定成功，则返回：06 07 08 09 0A XX； 设定不成功，则返回 16 17 18 19 1A FF，或无返回	是
17	FC 00 92 A1 B3 7D XY	查询网络状态及信号强度	查询成功，则返回：FB 04 XX XY； XX：0～100的相对信号强度； XY：前面3字节的和保留低8位； 查询失败，返回FB AA BB XY或无返回	否
18	FC 01 91 8A 9D XX XY	设置拒绝新模块加入网络。 XX=01：设置当前这个模块拒绝新模块加入网络； XX=02：设置整个网络拒绝新模块加入网络，可对任何一个在网的模块进行设置，这个模块会通知所有的模块“禁止新模块加入网络”； XX= F1：设置当前模块允许新模块加入网络； XX= F2：设置整个网络允许新模块加入网络（同02）； XX= A1：读取状态	设定（读取）成功，则返回：06 07 08 09 0A XX； 设定（读取）不成功，则返回 16 17 18 19； 1A FF 或无返回； 设置 XX=02（F2）时，成功回复表示：①该模块设置成功；②向全网成功发送拒绝（允许）新模块加入网络的消息	否

DRF系列ZigBee模块对微控制器不做限制，可根据自己的喜好选择任意带有串口（也可用软件模拟串口）的微控制器。当然DRF系列ZigBee模块内置的CC2530事实上也是一块功能强大的51核心的微控制器，理论上通过对其编程也能够实现绝大多数功能。看起来似乎还节省了硬件成本，但是这不仅需要强大的软件功底，还极有可能破坏原有的软件架构，带来意想不到的问题。现代产品设计的效率不再仅是硬件执行效率、硬件成本等问题，而是将时间成本、合作成本等全部考虑进来的综合效率。嗅探到市场先机，快速推出符合社会需求的稳定产品才是最重要的。

5.3 DRF 系列模块数据传输

DRF 系列模块的推出使得组建个性化 ZigBee 网络的难度急剧降低，“像用串口一样使用 ZigBee”成为现实。这使得广大开发者可以将主要精力放在产品功能的实现上，将产品快速推向市场。

5.3.1 DRF 系列模块特点

DRF 系列模块目前包括 DRF1605、DRF1605H、DRF2617A、DRF2618-ZUSB、DRF2619A 及相关配套底板。它们是基于 TI 公司 CC2530F256 芯片，运行 ZigBee2007/PRO 协议的 ZigBee 模块，具有 ZigBee 协议的全部特点。这有别于其他类型的 ZigBee 模块（可能不是运行 Full ZigBee2007 协议，因为 ZigBee2007 协议的运行需要 256 KB 的 Flash 空间）。

“自动组网、上电即用”是 DRF 系列 ZigBee 模块的主要特点。针对目前产品开发进度要求紧、市场变化快的特点，DTK 推出了“自动组网、上电即用”的 ZigBee 模块，用户不需要了解复杂的 ZigBee 协议，所有 ZigBee 协议的处理部分均在 ZigBee 模块内部自动完成，用户只需要通过串口传输数据即可。该系列模块是目前市场上应用 ZigBee 最简单的方式。其主要特点包括：

DRF 系列 ZigBee 模块可以形象地理解为“无线的串口连接”，所以使用这个模块就像使用串口电缆一样简单。

简单易用：不用考虑 ZigBee 协议，串口数据透明传输。

自动组网：所有的模块上电即自动组网，协调器自动给所有节点分配地址，不需要用户手动分配地址。

简单数据传输：

（1）串口数据透明传输：协调器从串口接收到的数据会被自动发送给所有的节点，某个节点从串口接收到的数据会自动发送给协调器。

（2）通过串口即可在任意节点间进行数据传输，数据传输的格式为：0xFD（数据传输命令）+0x0A（数据长度）+0x73 0x79（目标地址）+0x01 0x02 0x03 0x04 0x05 0x06 0x07 0x08 0x09 0x10（数据，共 0x0A Bytes）。

唯一 IEEE 地址：DRF 系列模块采用的 TI CC2530F256 芯片，在出厂时已经自带 IEEE 地址，IEEE 地址（MAC 地址）可作为 ZigBee 模块的标识。

用户可更改节点类型：用户可通过串口指令更改模块的节点类型（协调器或路由器）。

用户可更改无线电频道：用户可通过串口指令更改模块使用的无线电频道。

用户可自定义路由器地址，在协调器与路由器之间传输数据时，可根据自定义地址寻址，用户可自定义地址功能，可方便地实现 RS-232 设备联网功能。

5.3.2 DRF 系列模块组网

1. ZigBee 网络的节点形态

ZigBee 网络具有三种网络形态节点：Coordinator（协调器）、Router（路由器），End

Device（终端节点）。

Coordinator（协调器）：用来创建一个 ZigBee 网络，当有节点加入时，分配地址给子节点，Coordinator 通常定义为不能掉电的设备，没有低功耗状态。每个 ZigBee 网络都需要且仅需要一个 Coordinator，不同网络的 PAN ID（网络 ID 号）应该不一样。如果在同一空间存在两个 Coordinator，且它们的初始 PAN ID 一样，则后上电的 Coordinator 的 PAN ID 会自动加 1，以免引起 PAN ID 冲突。

Router（路由器）：负责转发资料包，寻找最适合的路由路径，当有节点加入时，可为节点分配地址，Router 通常定义为具有电源供电的设备，不能进入低功耗状态，每个 ZigBee 网络都可能需要多个 Router，每个 Router 既可以接收数据又可以转发数据，当一个网络全部由 Coordinator（1 个）及 Router（多个）构成时，这个网络才是真正的 Mesh 网络（网状网），每个节点发送的数据全部自动路由到目标节点，其网络拓扑示意图如图 5-8 所示。

当一个 ZigBee 网络形成后，Mesh 网络 Router 获得的地址（Short Address）是不变的，可作为点对点数据传输的地址使用。即使 Coordinator 掉电，Router 仍然在保持网络，所以 Router 之间仍然能够通信；即使 Coordinator 掉电，当有新的节点加入时，仍然能够通过现有的 Router 获得地址，加入网络；Router 通常被称作 FFD（Full Function Device，全功能节点）。

End Device（终端节点）：选择已经存在的 ZigBee 网络加入，可以接收数据，但是不能转发数据，End Device 通常定义为电池供电设备，可周期性地唤醒并执行设定的任务，具有低功耗特征：每个 ZigBee 网络都可能需要多个 End Device。End Device 通常在周期性醒来时询问自己的父节点是否有传输给自己的数据，并执行设定的任务。所以，End Device 通常适合接收少量的数据，周期性地发送数据。含有 End Device 的 ZigBee 网络结构示意图如图 5-9 所示。

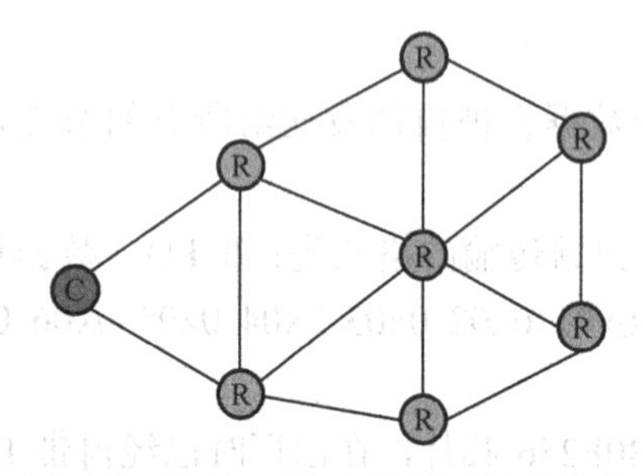

图 5-8　ZigBee Mesh 网络拓扑示意图

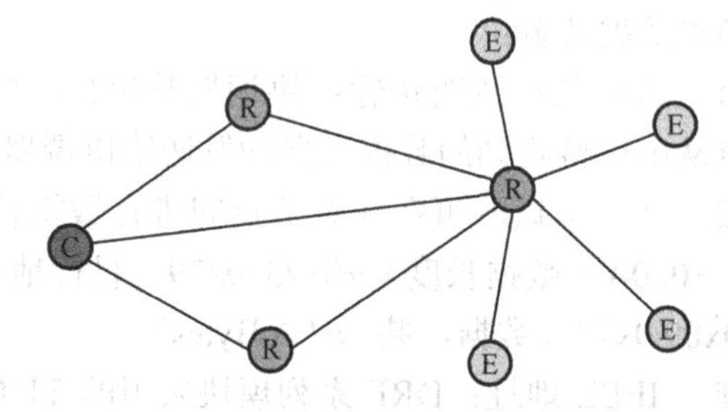

图 5-9　含有 End Device 的 ZigBee 网络结构示意图

对于数据传输应用的 ZigBee 网络，用户的配置通常是 1 个 Coordinator 加 *n* 个 Router（全功能节点），不需要 End Device。

2. 网络节点数

由 1 个 Coordinator 加 *n* 个 Router 构成的 ZigBee 网络总共支持 9331 个节点，其结构示意图如图 5-10 所示。

3. ZigBee Mesh 网的特点

（1）网络由 1 个 Coordinator 加 *n* 个 Router 组成。

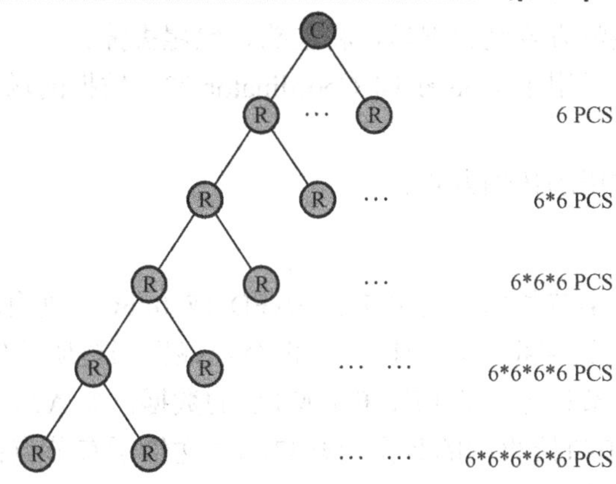

图 5-10　DRF 模块组成的 ZigBee 网络结构示意图

（2）每个节点既能接收数据又能充当路由转发数据。

（3）网络内任意节点之间都能通信，即使其他节点全部断电（包括 Coordinator），这两个节点间也能通信。

（4）网络内的每个节点（Coordinator、Router）均具有网络保持功能，只要有一个节点是运行的，新的节点就可以通过这个节点加入网络。

（5）节点加入后，自动获得 ZigBee 网络分配的地址，并保持该地址不变。

（6）路由的计算是自动的，转发的数据并不依赖于是通过哪个节点加入网络的。

5.3.3　DRF 系列模块数据传输

DRF 系列 ZigBee 模块的数据传输功能简单易用，有以下 8 种数据传输方式。

（1）数据透明传输方式：只要传送的第一字节数据不是 0xFE、0xFD 或 0xFC，则自动进入数据透明传输方式；Coordinator 从串口接收到的数据会被自动发送给所有节点；某个节点从串口接收到的数据会被自动发送给 Coordinator。

（2）透明传输+短地址方式：在透明传输的基础上，通过对发送模块进行设置，发送模块在发送数据时将自己的短地址附加在数据的末尾，接收模块收到的数据会多出 2 字节（短地址）。

（3）透明传输+MAC 地址方式：在透明传输的基础上，通过对发送模块进行设置，发送模块在发送数据时将自己的 MAC 地址附加在数据的末尾，接收模块收到的数据会多出 8 字节（短地址）。

（4）透明传输+自定义地址方式：在透明传输的基础上，通过对发送模块进行设置，发送模块在发送数据时将自己的自定义地址附加在数据的末尾，接收模块收到的数据会多出 2 字节（自定义地址）。

（5）点对点数据传输方式，ZigBee 短地址寻址：ZigBee 网络内的任意节点之间可通过点对点传输指令传送数据。指令格式：0xFD+数据长度+目标地址+数据。接收方收到发送的全部数据+来源地址。

（6）点对点数据传输方式，去掉包头包尾，用 ZigBee 短地址寻址：在点对点方式下，通过对发送方进行设置，接收方收到数据后，将包头、包尾去掉。

（7）点对点数据传输方式，去掉包头包尾，用自定义地址寻址：在点对点方式下，通

过对发送方进行设置，接收方收到数据后，将包头、包尾去掉。

（8）可靠传输模式：适用于 Router 向 Coordinator 发送数据的场合，可大幅提高数据传输的可靠性。

下面详细介绍几个常用的传输方式。

1. 数据透明传输

（1）只要传送的第一字节数据不是 0xFE、0xFD 或 0xFC，则自动进入数据透明传输方式（扩展：数据包的头与设置指令不一样时，也会当成数据透明传输，但建议用户将数据透明传输的数据包第一字节设定为非 FE、FD 或 FC 的数据，如 A7）。

（2）Coordinator 从串口接收到的数据会被自动发送给所有节点；某个节点从串口接收到的数据会被自动发送给 Coordinator。

（3）任意一个节点与 Coordinator 之间类似于电缆直接连接（大部分情况下，可用 1 个 Coordinator 和 1 个 Router 直接代替一条 RS-232 电缆）。

（4）支持数据包变长（无须设置），最大不超过 256 字节/数据包，一般应用建议每个数据包在 32 字节之内。

透明传输模式下协调器和路由器发送数据分别如图 5-11 和图 5-12 所示。

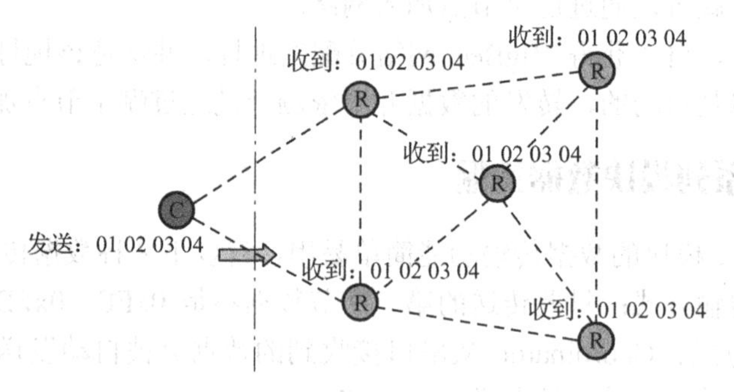

图 5-11　透明传输模式下协调器发送数据

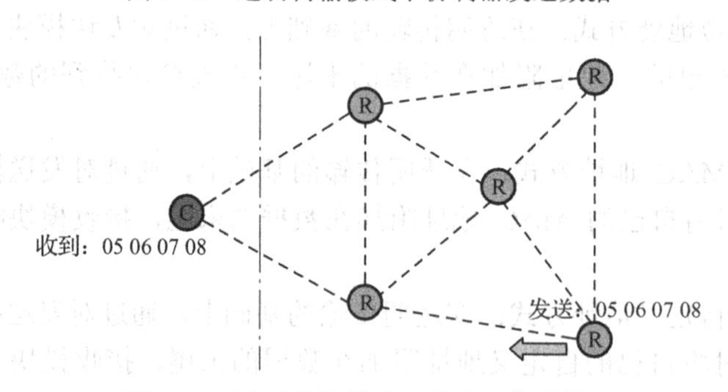

图 5-12　透明传输模式下路由器发送数据

显然，在 ZigBee 网络中，随着数据在节点间的跳跃，每个节点在无线收发、数据处理等环节都要消耗时间。因此，随着数据跳数的增加，数据透明传输的延迟将增大。数据透明传输关键性能参数如表 5-2 所示。

表 5-2　数据透明传输关键性能参数

数据传送方向	数据包长度	最 快 间 隔
Router→Coordinator	16 字节	20 ms
	32 字节	20 ms
	64 字节	20 ms
	128 字节	50 ms
	256 字节	200 ms
	>256 字节	不能传输
Coordinator→Router	16 字节	100 ms
	32 字节	100 ms
	64 字节	100 ms
	128 字节	200 ms
	256 字节	500 ms
	>256 字节	不能传输

测试条件：

1．模块间距离 2 m，信号良好；

2．串口波特率 38 400 bps（最优选波特率）；

3．连续发送，接收 100 KB，无误码，连续测试 10 次。

随着模块之间传输距离的增加，传输速率会降低。从 Coordinator 发送到 Router 是广播方式的发送，传输速率较小。一般应用中，建议每个数据包 32 字节，间隔 200～300 ms 传输。

2．透明传输+短地址方式

在透明传输的基础上，通过对发送模块进行设置，发送模块在发送数据时将自己的短地址附加在数据的末尾，接收模块收到的数据会多出 2 字节（短地址）。其传输示意图如图 5-13 所示。

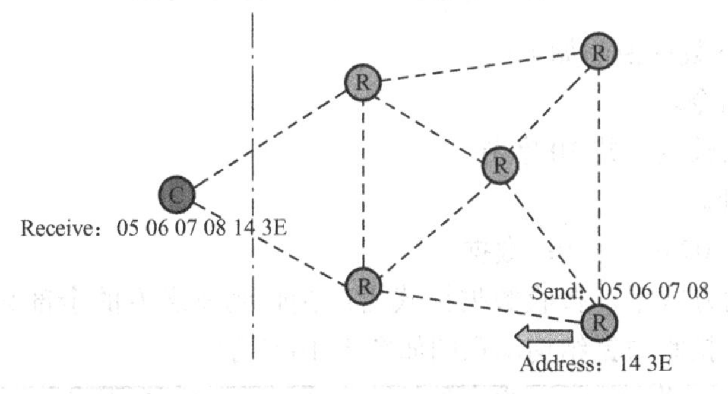

图 5-13　透明传输+短地址方式传输示意图

发送：05 06 07 08；第一字节不能是 FE、FD 或 FC；数据为 05 06 07 08。

接收：05 06 07 08 14 3E。

接收到发送的全部内容及来源地址（短地址）。

透明传输+短地址方式下，数据包最大长度为 32 字节。

3. 透明传输+MAC 地址方式

在透明传输的基础上，通过对发送模块进行设置，发送模块在发送数据时将自己的MAC 地址附加在数据的末尾，接收模块收到的数据会多出 8 字节（短地址）。其传输示意图如图 5-14 所示。

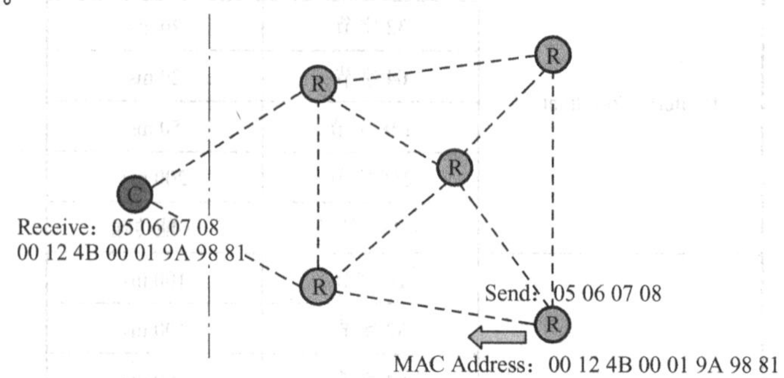

图 5-14　透明传输+MAC 地址方式传输示意图

发送：05 06 07 08；第一字节不能是 FE、FD 或 FC；数据为 05 06 07 08。

接收：05 06 07 08 00 12 4B 00 01 9A 98 81。

接收到发送的全部内容及来源地址（MAC 地址，8 字节）。

在透明传输+MAC 地址方式下，数据包最大长度为 32 字节。

4. 点对点数据传输方式，ZigBee 短地址寻址

发送指令格式：数据传送指令（0xFD）+数据长度+目标地址+数据（最多 32 字节）。

数据长度在 32 字节内支持变长，其传输示意图如图 5-15 所示。

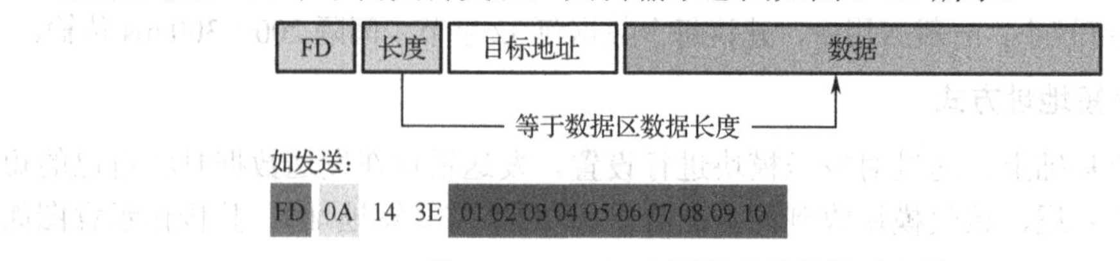

图 5-15　ZigBee 短地址寻址传输示意图

图 5-15 中各部分数据说明如下：

FD：数据传输指令。

0A：数据区数据长度，共 10 字节。

14 3E：目标地址。

01 02 03 04 05 06 07 08 09 10：数据。

在此种数据传输方式下，接收数据格式为：接收到发送方的全部数据，并在最后增加来源地址（2 字节）。接收数据结构示意图如图 5-16 所示。

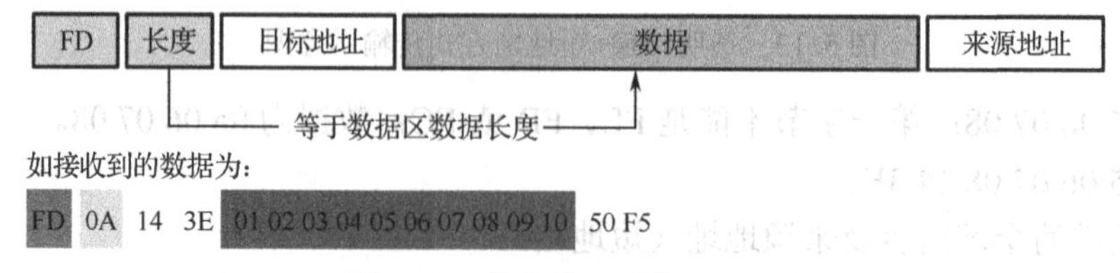

图 5-16　接收数据结构示意图

图 5-16 中，各部分数据说明如下：

FD：数据传输指令。

0A：数据区数据长度，共 10 字节。

14 3E：发送方的目标地址，接收方本身地址。

01 02 03 04 05 06 07 08 09 10：数据。

50 F5：发送方地址，即数据来源地址。

如图 5-17 所示，点对点数据传输可在网络内任意节点间进行，且无须 Coordinator（协调器）的参与。因此，ZigBee 短地址透明传输方模式还具有以下特征：

（1）即使 Coordinator 断电，也可在 Router 之间通过点对点指令传输。

（2）Router 加入网络后，地址（Short Address）不会发生改变。

（3）长度字节一定要等于数据区数据长度，否则数据传输出错（当成透明传输，会发送给 Coordinator）。

（4）数据区数据最多 32 字节，否则数据传输出错（当成透明传输，发送给 Coordinator）。

（5）若目标地址= FF FF，则为广播发送，会将数据发送至网络内所有节点；若目标地址= 00 00，则将数据发送给 Coordinator。

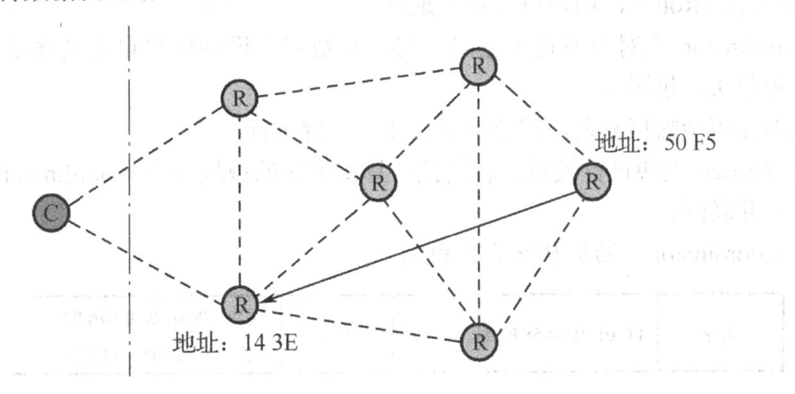

图 5-17　ZigBee 短地址模式下路由器节点之间数据传输

点对点数据传输性能如表 5-3 所示。

表 5-3　点对点数据传输性能

数据传输方向	数据包长度	最 短 间 隔
Router→Router	32 字节	40 ms
Coordinator→Router	32 字节	40 ms
Router→Coordinator	32 字节	40 ms

测试条件：

1. 室温，实验室条件；
2. 模块间距 2 m，信号良好；
3. 串口波特率为 38 400 bps（最优选波特率）；
4. 连续发送，接收 100 KB，无误码，连续测试 10 次；
5. 测试软件：串口调试助手 SSCOM3.2

此外，对于 DRF 模块，还有以下几点需要注意：

（1）ZigBee 模块的最优波特率为 38 400 bps，以上测试都是在 38 400 bps 条件下进行的；

（2）如果波特率低于最优波特率，传输性能会急速下降；

9600：最大数据包 70 字节。

19 200：最大数据包 80 字节。

38 400：最大数据包 256 字节。

57 600，115 200：同 38 400。

（3）在一个 ZigBee 网络中，并不要求全部节点都具有相同的波特率；低波特率节点向高波特率节点发送数据时，通常可获得高传输性能：如设定 Coordinator 的波特率为 38 400 bps，Router 的波特率为 9600 bps，则 Router 向 Coordinator 发送数据时，可连续发送超过 10 KB 的文件。但是高波特率节点向低波特率节点发送数据时，通常只能发送少量的数据，在上述案例中，Coordinator 只能发送不超过 32 字节的数据包。上述设置通常满足大部分上位机+*N* 节点轮询模式。

5. 点对点数据传输方式（收到数据后，去掉包头、包尾，自定义地址寻址）

（1）对所有的 Router，用户可自定义地址。

（2）Coordinator 点对点发送数据时，可以将数据发送到用户自定义地址模块，并只还原数据（去掉包头、包尾）。

该模式的使用步骤稍复杂，需要按下述 4 个步骤进行。

（1）对 ZigBee 模块进行设置，将连接计算机模块的模块设为 Coordinator，其他模块设置为 Router，并联网。

（2）将 Coordinator 的数据传输方式设为 07：

指令	FC 01 91 64 58 **07** 51	返回	成功：06 07 08 09 0A **07** 失败：16 17 18 19 1A FF

此种模式下，Coordinator 按点对点方式发送数据，Router 收到数据后会去掉包头、包尾，仅还原数据。

（3）给每个 Router 自定义一个地址。

设定 Router 的自定义地址：

指令	FC 32 C3 **X1 X2** 01 XY X1 X2 = 所要设定的地址 0001 - FF00 XY = 前 6 字节的和，保留低 8 位 Coordinator 永远是 0000	返回	成功：X1 X2 失败：无返回

读取 Router 自定义地址：

指令	FC 33 D4 A1 A2 01 47	返回	X1 X2（2 字节，该模块的自定义地址）

这个地址不是 ZigBee 系统的短地址，由用户自定义，断电或改变网络时，该地址不会

发生变化。

（4）按点对点方式发送数据。

例如，某个设备需要接收的数据是 A1 A2 A3 A4 A5 A6，挂接在 Router1（自定义地址为 00 01），则发送的数据格式为：

FD	06	00 01	A1 A2 A3 A4 A5 A6
点对点传输标识	数据区长度	自定义地址	要发送的数据

设置完成后，只有标识为 00 01 的 Router 模块才能接收到这组数据，并通过串口输出，且已经去掉了包头、包尾，内容格式如下：

A1 A2 A3 A4 A5 A6
数据

5.4 模块应用

使用 DRF 系列 ZigBee 模块能够快速实现有线转无线的应用。用户只需将精力放在具体的功能实现上即可，而无须耗费过多精力在线路链接上。下面介绍两种 DRF 系列 ZigBee 模块的应用案例。

1. 手机无线打印

本应用是基于透明传输的可靠传输：

（1）无线数据加校验传输。

（2）传输不成功时会自动重传。

（3）传输成功、超时时有回复。

（4）该系统大部分情况下是 Router 向 Coordinator 发送数据，Coordinator 也可向 Router 发送数据，但这个发送是广播模式，应用层没有校验数据，可靠性低于 Router 向 Coordinator 发送数据。典型的应用是手持机向打印机发送数据，打印机不回复数据。

如果将该网络设定为可靠传输模式，则要求：

（1）所有 Router 节点必须全部设定为可靠传输（模式 0x08）。

（2）Coordinator 不需要设置（默认透明传输）。

（3）要求每次传输的数据包最大 32 字节。

（4）发送前可查询信号强度，建议信号强度大于 0x14（20）以上时再发送。

（5）所有节点建议使用 38 400 bps 波特率，Router 节点也可以使用 9600 bps 波特率。

（6）如果发送数据，回复 BUSY，建议每隔 2 s 以上再查询。

手机无线打印系统的组成示意图如图 5-18 所示。

（1）将传输模式设为可靠传输方式及信号查询，相关指令如表 5-4 所示。

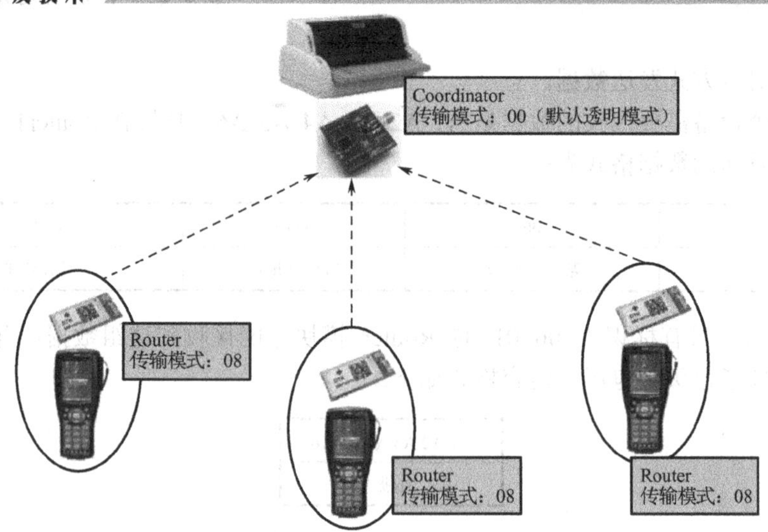

图 5-18 手机无线打印系统的组成示意图

表 5-4 相关指令

序号	指 令	功 能	返 回
14	FC 01 91 64 58 XX XY	设定模块的数据传输方式：XX = 08 设定模块进入可靠传输方式	指令正确则返回：06 07 08 09 0A XX；如果写入不成功则返回（或无回复）：16 17 18 19 1A FF
19	FC 00 92 A1 B3 7D XY	查询网络状态及信号强度，若查询成功，则表示该节点与 Coordinator 通信正常，信号强度为 XX，建议在信号强度大于 0x14 以上时发送数据	查询成功，则返回：FB 04 XX XY XX：0～100 的相对信号强度；XY：前面 3 字节和保留低 8 位；查询失败，则返回：FB AA BB XY 或无返回

（2）通信回复如表 5-5 所示（模块接收单片机数据后，经处理、传输，回复给单片机的应答）。

表 5-5 通信回复

序号	通 信 事 件	回 复	备 注
1	数据发送成功	FB A1 A2 3E	可立即发送下一包数据
2	数据发送超时	FB C1 C2 7E	可能接收方不存在或通信故障；可立即重发；该数据包没有发送成功
3	数据包不符合规定	FB D1 D2 9E	数据包不符合规定（大于 32 字节）
4	数据发送忙	FB E1 E2 BE	其他节点占用了发送信道，建议每隔 2 s 查询一次；任意发送一个数据包，可对该状态进行查询；如果回复数据发送成功（FB A1 A2 3E），表示该节点已抢占了该信道，可立即进行数据发送；当前数据传输完成后 2 s，系统退出忙状态。对于任一节点，最先发送的即可抢占该信道至少 2 s

2. 使用 ZigBee 模块改造 RS-485 网络

目前工业上大多采用 RS-485 网络作为数据采集及设备控制应用，应用 DTK 的 ZigBee 模块可以非常简单地将有线 RS-485 网络改造成无线系统。

上位机主控型 RS-485 网络：通常由上位机轮询 *N* 个设备（假设波特率为 9600 bps，MODBUS RTU 协议），示意图如图 5-19 所示。

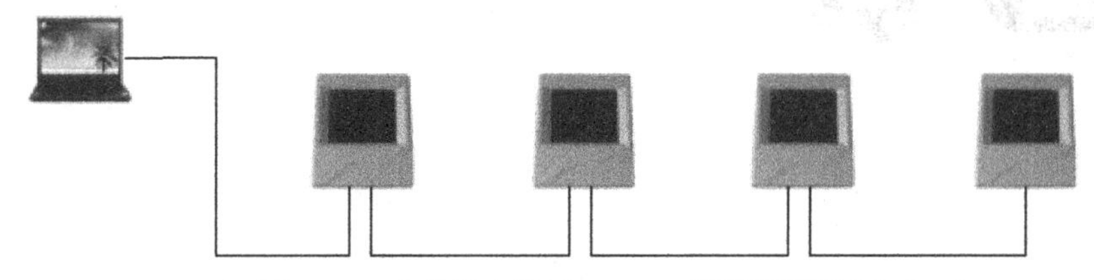

图 5-19　上位机主控型 RS-485 网络示意图

可按下述方法改造成无线方式。无线工业 RS-485 网络示意图如图 5-20 所示。

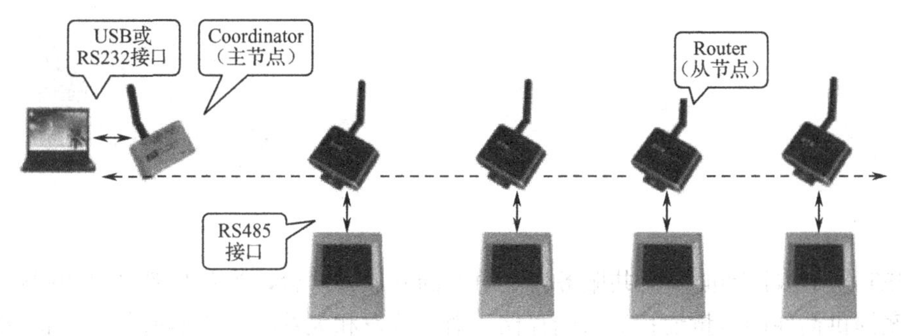

图 5-20　无线工业 RS485 网络示意图

（1）在上位机接一个 ZigBee 模块（USB 接口或 RS-232 接口），设定为 Coordinator，波特率设为 9600 bps。

（2）每个设备接一个 ZigBee 模块（RS485 接口），设定为 Router，波特率为 9600 bps。

（3）改造完成，不需要改动已有的软件设置（如频道、PAN ID、波特率等）。

同时，考虑到 ZigBee 网络的延时特性及 RS485 网络的特点，以下几点需要予以留意，以达到更好的效果：

（1）上位机发送指令，每个数据包应控制在 48 字节之内（实验室条件可到 64 字节），否则设备可能不能完整地接收指令。

（2）设备回复一般控制在每个数据包 64 字节之内。

（3）有些设备连接可能需要终端电阻。

练习题 5

（1）DRF 系列 ZigBee 模块有哪些特点？

（2）DRF1607 模块使用串口配置，输入指令 FC 02 91 01 12 34 D6，将会返回什么结果？

（3）DRF 系列模块的应用有哪些？

（4）简述 DRF 系列模块应用与 CC2530 模块应用的区别。

第6章 OneNET 物联网公众平台

OneNET 是中国移动面向公共服务自主研发的开放云平台，为各种跨平台物联网应用、行业解决方案提供简便的海量连接、云端存储、消息分发和大数据分析等服务，从而降低物联网企业和个人（创客）的研发、运营和运维成本，使物联网企业和个人（创客）更加专注于应用，共建以 OneNET 为中心的物联网生态环境。

OneNET 平台提供设备全生命周期管理相关工具，帮助个人、企业快速实现大规模设备的云端管理；开放第三方 API 接口，推进个性化应用系统构建；提供定制化“和物”App，加速个性化智能应用的生成。

OneNET 在物联网中的基本架构如图 6-1 所示；作为 PaaS 层（平台即服务），OneNET 为 SaaS 层（系统即服务）和 IaaS 层（基础设施即服务）搭建连接桥梁，向上下游提供中间层核心能力。

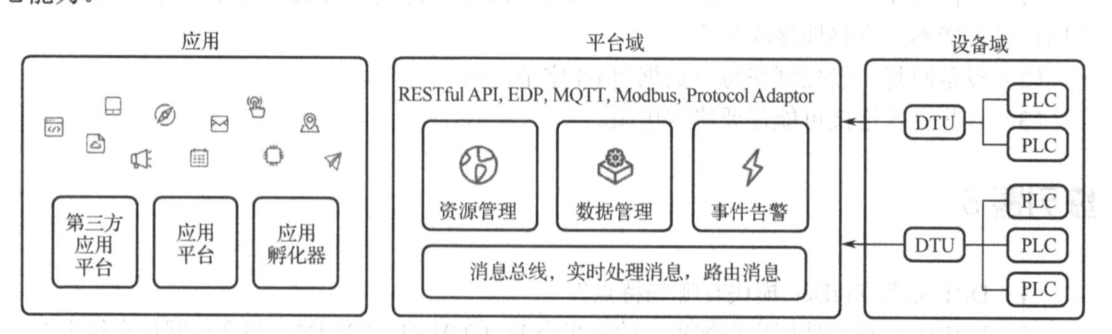

图 6-1　OneNET 在物联网中的基本架构

OneNET 聚焦各大行业需求痛点，在智能家居、智慧车载、智慧穿戴、智慧能源及工业制造等行业提供完整的解决方案。

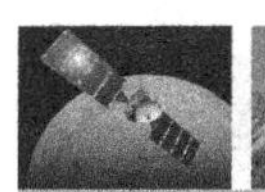

事实上，对于物联网这一包含电子、通信、软件等原来本就有庞大体系的“合成”产业，进行专业学习是非常困难的。在有限的学习时间内掌握物联网感知层、传输层、应用层的各类技术几乎是不可能完成的任务。但是单攻一层又不能领会物联网的全貌，也会影响到对物联网的认识。OneNET 这类公共服务平台的出现较好地解决了这类问题。对于专攻感知层的电子信息类专业，充分利用 OneNET 平台就可以很方便地将具备“单品智能”的电子产品升级成具备“系统智能”的物联网产品。例如，将常见的电子产品温湿度测量仪的数据通过 OneNET 平台放置到网络服务器上，然后通过手机访问服务器即可在任何地方了解温湿度测量仪所测得的数据。同样，也可以通过手机利用该平台控制各类家用电器。OneNET 平台的应用场景如图 6-2 所示。

在图 6-2 中，如何将常见的各类电子设备、电气设备接入 OneNET 平台是本章将要解决的问题。OneNET 平台为保证各类产品接入的方便，设计了公开协议接入和私有协议接入两种方法。公开协议支持 EDP、MQTT、HTTP、Modbus、JT/808 等，私有协议和公开协议最大的不同是平台不提供协议的报文说明，平台将根据开发者定义的设备数据模型自动生成 SDK 源码，开发者将 SDK 嵌入设备中，实现与平台的对接。

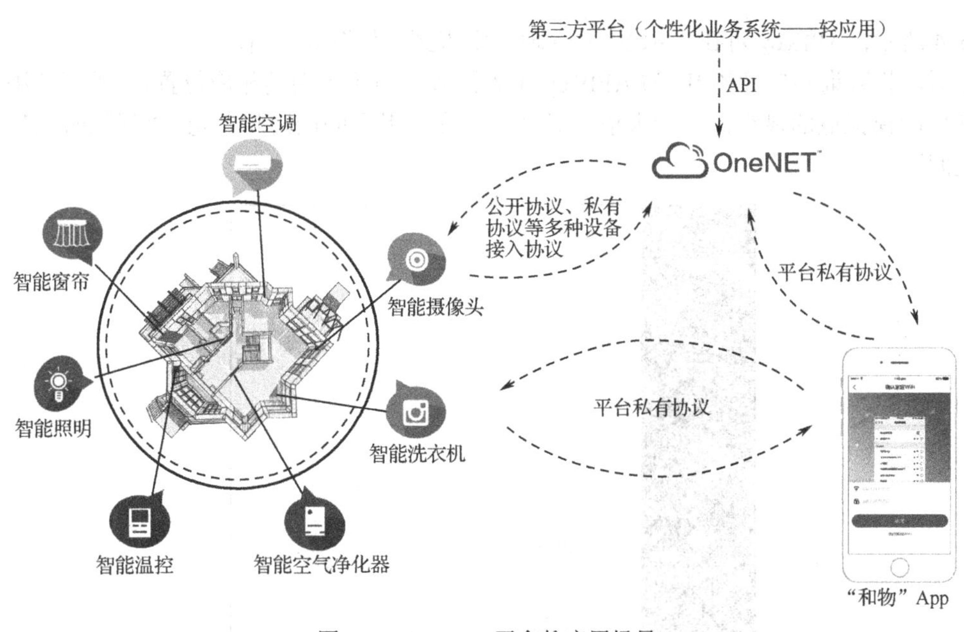

图 6-2　OneNET 平台的应用场景

6.1　数据上传

应用建立之后，可以通过硬件上传数据流，也可以在线调试，以测试应用的界面效果。

6.1.1　在线调试

OneNET 平台提供在线调试功能，可以非常方便地对应用程序进行调试。如图 6-3 所示，单击“在线调试”，然后输入设备 ID 及 APIKey。设备 ID 可在“设备管理”中查到，

图 6-3　在线调试界面

如图 6-4 所示；APIKey 可在“APIKey 管理”中查到，如图 6-5 所示。

之后，将查询到的设备 ID 与 APIKey 填入图 6-3 所示界面的相应位置，“数据范围”可填写期望的模拟值的最小值与最大值。具体值为在二者之间的随机数值。“间隔时间”为数值发送间隔。

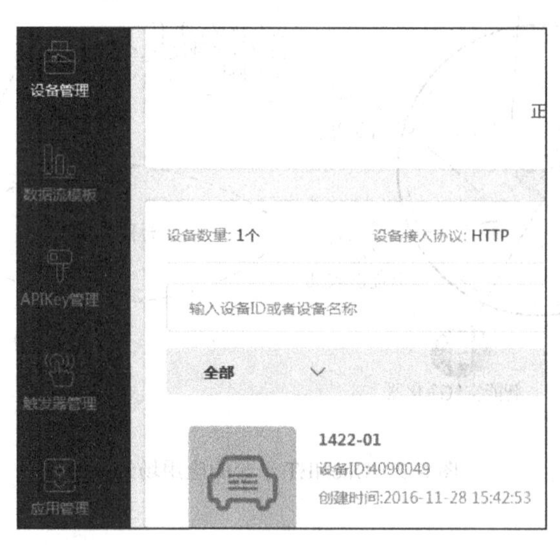

图 6-4　设备 ID 查询

图 6-5　APIKey 查询

在图 6-6 所示界面中，输入相关数值，单击“发送一次”或“连续发送”。如果出现图 6-7 所示的界面，就表示数据发送成功；否则就表示数据发送失败，失败原因可能是设备 ID 或 APIKey 填写有误。如果“数据流”填写错误，这里不会提示出错，而是会在应用程序中再建立一个新的数据流。如果发送成功，则数据上传之后就能够看到显示效果，如图 6-8 所示。

• 设备ID：
3986594
• APIKey：
wiGSH0HrdYnbQuqVsdpHYCT3vvc=
• 数据流：
流量
数据范围：
5 至 30
间隔时间：
5 秒
发送一次　连续发送

图 6-6　模拟数值

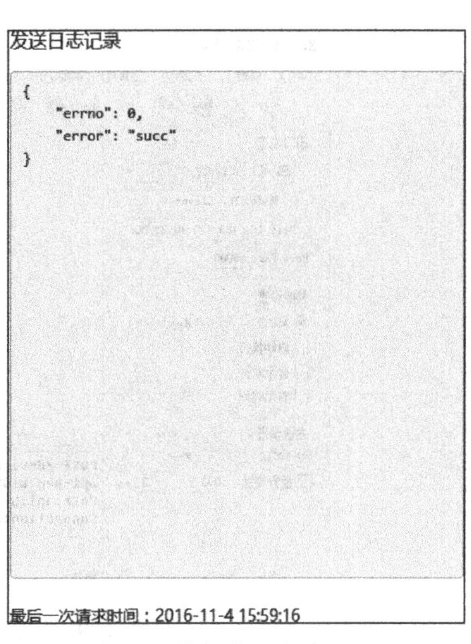

图 6-7　数据发送成功界面

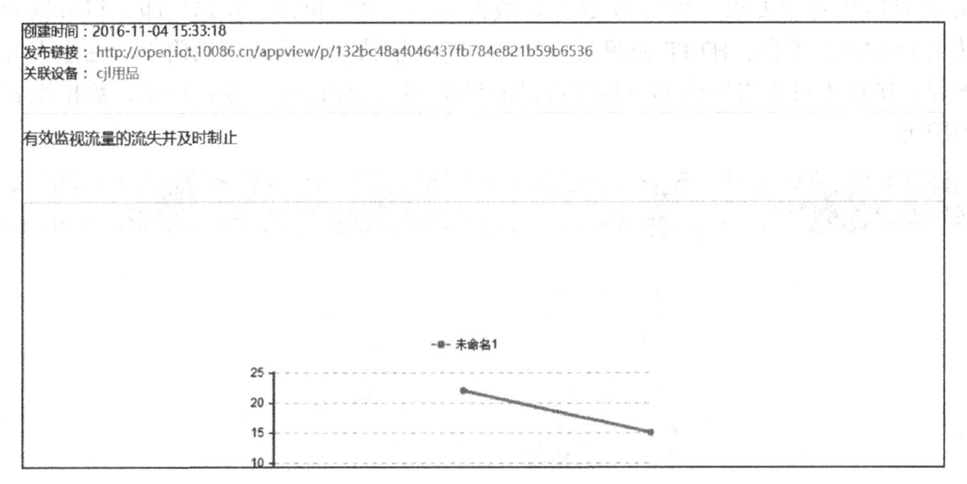

图 6-8　上传数据显示

6.1.2　模拟上传数据

如果要真正地将电子设备与网络联系在一起，就需要一款设备将本地数据通过某种方式上传至 OneNET 平台。

前面曾将传感器采集到的数据通过串口传送到计算机，这里只要使用计算机将串口采集到的数据发送至 OneNET 即可。这里要介绍一款名叫“友善串口调试助手”的工具，这

款工具不仅可以模拟串口，还可以模拟 TCP/IP 协议，建立 TCP Server 与 Client。

图 6-9 是“友善串口调试助手”界面。在界面左侧的“串口设置”中，“Mode”选择“TCP Client”，这样，计算机就被模拟为一个运行 TCP 协议的客户端，可以通过 HTTP 协议向 TCP 服务器发送信息。OneNET 平台 TCP 连接服务器的地址为“183.230.40.33”，端口号为“80”。

图 6-9 “友善串口调试助手”界面

按照 HTTP 协议要求（见图 6-10）将数据封装，之后单击“发送”即可将数据借助网络上传至 OneNET 平台。HTTP 协议是一种超文本传输协议，格式较为简单，这里不做进一步的解释，操作中只需将黑体部分换成自己的设备 ID、APIKey、数据长度、数据流名称、数据值即可。

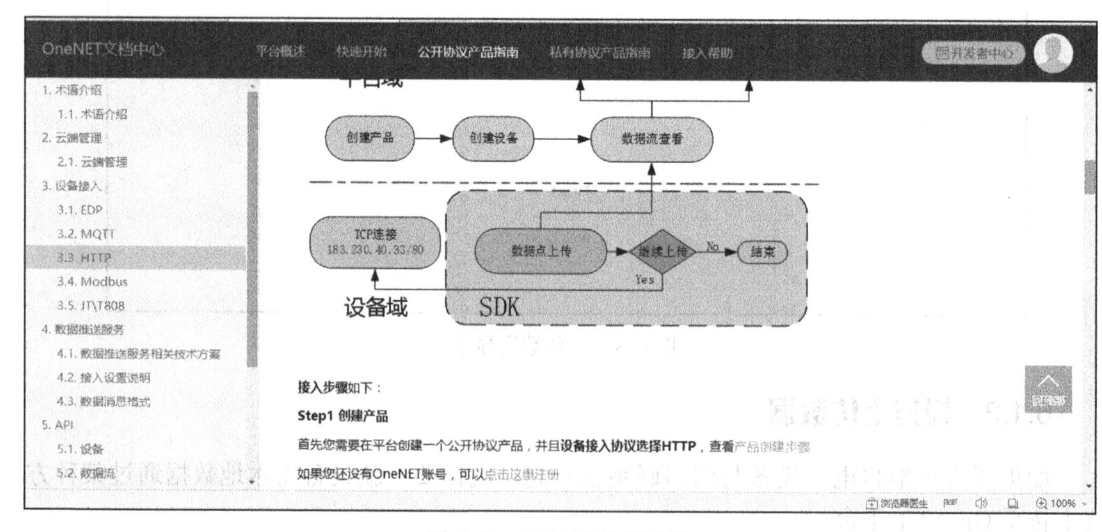

图 6-10 TCP 服务器设置

```
POST /devices/3986594/datapoints HTTP/1.1
api-key: wiGSH0HrdYnbQuqVsdpHYCT3vvc=
Host: api.heclouds.com
Connection: close
Content-length: 57

{"datastreams": [{"id": "F0", "datapoints": [{value": 38}]}]}
```

上面文本中“**3986594**”是示例“设备 ID”。“**wiGSH0HrdYnbQuqVsdpHYCT3vvc=**”是示例“APIKey”。“57”是 HTTP 协议上传的数据长度，包含各类标点符号，此外还需注意，汉字按 2 字节计算。“**F0**”是数据流名称；“**38**”是上传数据数值。最后，HTTP 协议数据与 HTTP 报头之间的空格不可省略。

6.2 建立应用

利用 OneNET 平台建立应用需要经过用户注册、创建产品、接入设备、引用数据流、建立应用、产品发布等几个步骤。下面以一个简单的流量监测为例来讲述平台的应用过程。

首先，通过 OneNET 平台的网页 http://open.iot.10086.cn 注册用户，注册过程不再赘述。注册成功后的界面如图 6-11 所示，其后，单击右上角的开发者中心，开始创建产品。

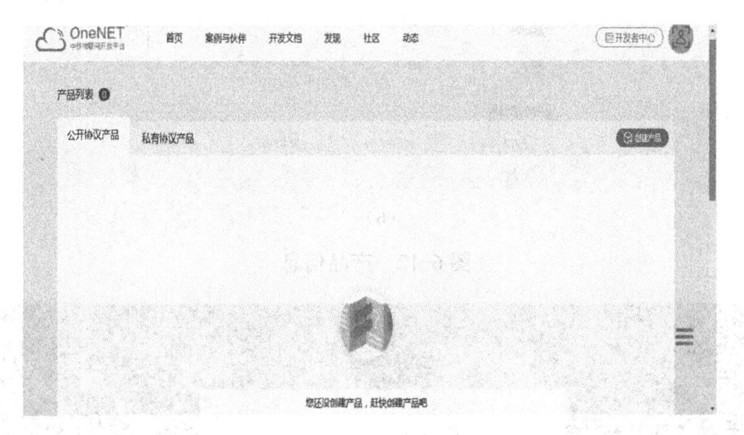

图 6-11　注册用户成功界面

创建产品过程中会被要求填写产品信息，如图 6-12 所示，如产品简介、操作系统、网络运营商、产品类别等，这里选择公开协议的 HTTP 协议。创建产品成功后，具体界面如图 6-13 所示。

创建产品成功后单击“立即添加设备”按钮，即可向应用添加设备。在图 6-13 中，单击“立即添加设备”，打开的“接入设备”对话框如图 6-14 所示。

在图 6-14 中，可为产品输入设备名称、设备编号。用户可根据产品类别与特性编辑以上信息。此类信息应能明确指示产品、设备属性。

产品创建完成之后，开始添加数据流。在图 6-15 所示界面中，单击右下角的数据流按钮（“操作”下面的第四个按钮），打开数据流添加界面，如图 6-16 所示。

产品简介：

为了防止流量的白白流失，这款软件可以有效监控手机各项软件的流量用量，一旦有流量流失，一键便可以关闭软件。

技术参数

操作系统：

Linux　Android　VxWorks　μC/OS　无　其他

网络运营商：

移动　电信　联通　其他

(a)

创建产品

产品信息

产品名称：

手机流量监控程序

产品行业：

其他

产品类别：

其它　其它　其它

当前产品进度：

有创意想法　有产品原型　有工程样机　已量产

(b)

图 6-12　产品信息

图 6-13　创建产品成功

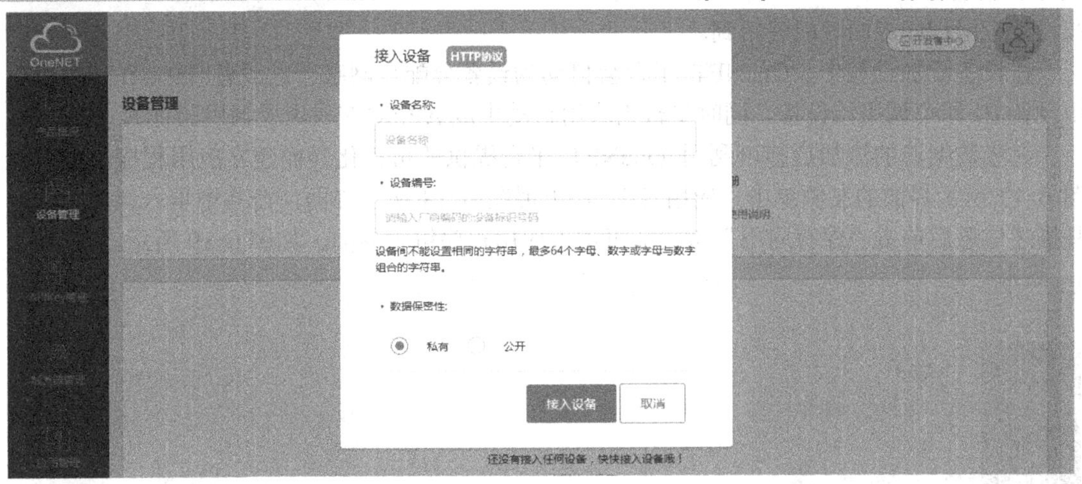

图 6-14　“接入设备”对话框

图 6-15　设备管理界面

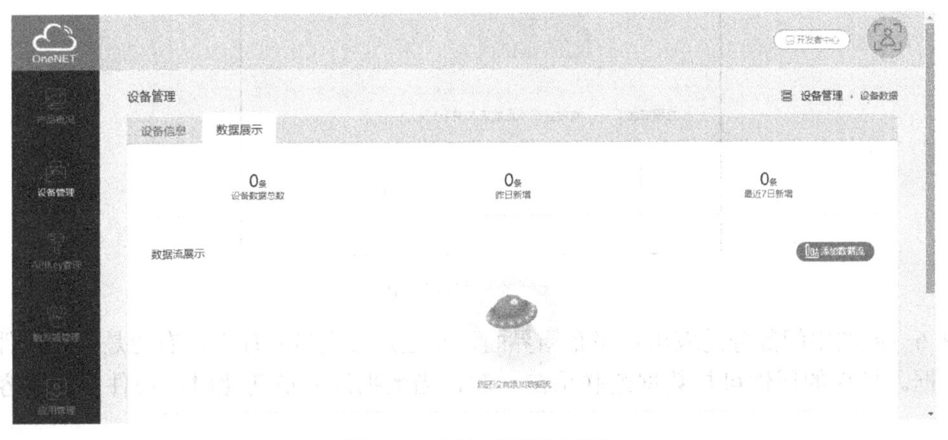

图 6-16　添加数据流界面

在图 6-17 中，可根据事实填写数据流 ID、单位名称、单位符号等信息，这些信息将来

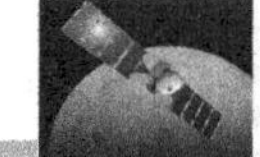

在设计应用程序界面时能够用到。

在设备添加过程中，OneNET 平台会自动为设备分配全网唯一的设备 ID，在应用中引用设备 ID 即可调用该设备，同时平台为应用自动生成 APPKEY（用于调用验证）。

完成数据流的添加后即可利用 OneNET 平台提供的可视化界面建立应用程序界面。在图 6-17 所示界面的左侧单击“应用管理”，出现图 6-18 所示界面，在其中填入该应用的一些描述信息后单击“保存应用”按钮即可进入应用程序编辑界面，如图 6-19 所示。

图 6-17　数据流信息

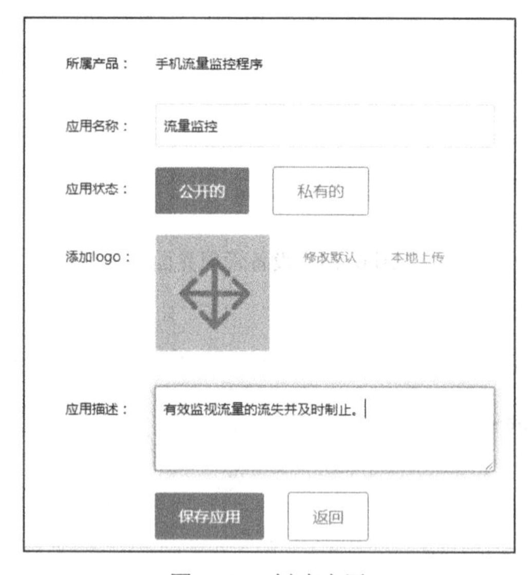

图 6-18　创建应用

图 6-19 的中间部分是应用程序布局界面，左边是各类显示控件，右边是各类控件的属性编辑框。控件的属性可与数据流联系在一起，当数据流的值变化时，控件显示内容也跟着变化。

图 6-20 和图 6-21 是应用程序建立中常见的文字类控件、图形类控件的属性设置界面。

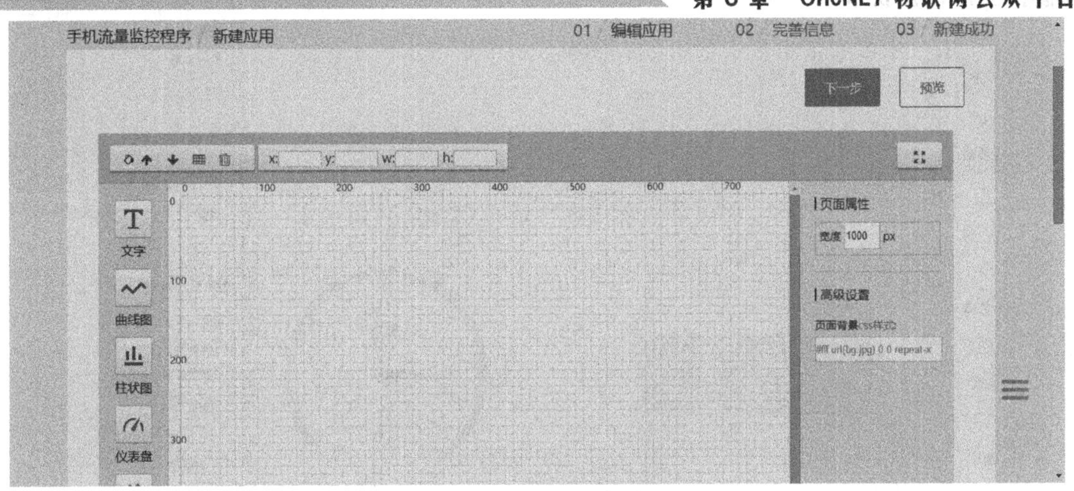

图 6-19　应用程序编辑界面

拖动左侧的“文字”按钮，在程序布局界面添加文字，文字内容可在应用程序编辑界面中直接修改，也可以在右侧的属性编辑框中修改（注意，在属性编辑框中修改后需要按回车键才生效）。此外，对于文字控件还可以修改字体、字号、颜色、粗体、斜体、对齐方式等属性，具体如图 6-20 所示。

图 6-20　文字类控件属性设置界面

OneNET 的图形控件包含曲线图、柱状图、仪表盘等，其设置方法大同小异，将其显示属性与数据流关联后，就会分别以曲线、柱高、码值来表示数据，其设置如图 6-21 所示。

至此，使用 OneNET 平台的准备工作已经完成，如果此时设备通过 HTTP 协议（前面创建产品时选择的是该协议）向 OneNET 平台上传数据，则数据信息就会显示在刚刚设计完成的程序界面中。

单击图 6-19 所示界面右上角的“下一步”按钮，可进一步完善信息。

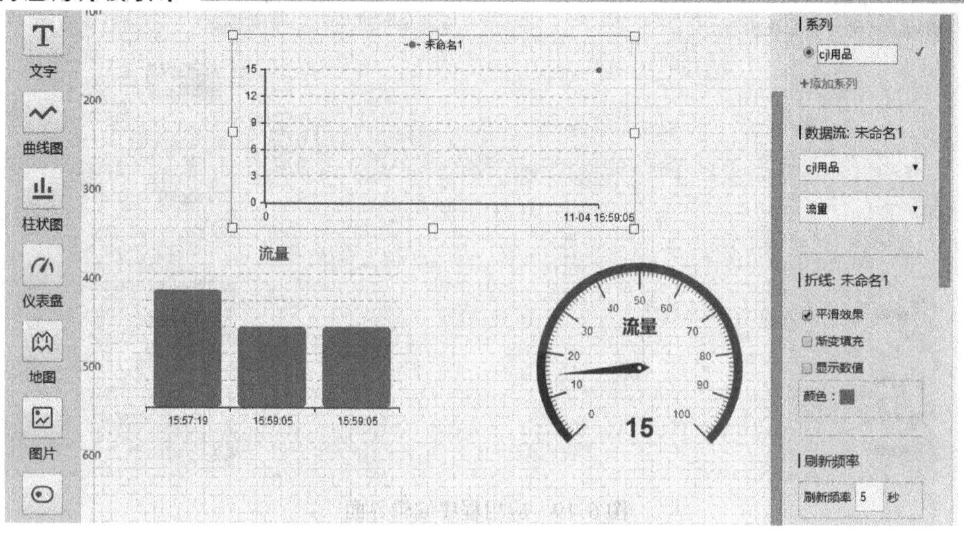

图 6-21　图形类控件属性设置界面

6.3　WiFi 模块上传数据

6.3.1　AT 指令集

AT 即 Attention，AT 指令是从终端设备（Terminal Equipment，TE）或数据终端设备（Data Terminal Equipment，DTE）向终端适配器（Terminal Adapter，TA）或数据电路终端设备 AT（Data Circuit Terminal Equipment，DCE）发送的。通过 TA，TE 发送 AT 指令来控制移动台（Mobile Station，MS）的功能，与 GSM 网络业务进行交互。用户可以通过 AT 指令进行呼叫、短信、电话本、数据业务、传真等方面的控制。

20 世纪 90 年代初，AT 指令仅被用于 Modem 操作。没有控制移动电话文本消息的先例，只开发了一种叫 SMS Block Mode 的协议，通过终端设备（TE）或计算机来控制 SMS。几年后，主要移动电话生产厂商如诺基亚、爱立信、摩托罗拉和 HP 共同为 GSM 研制了一整套 AT 指令，其中就包括对 SMS 的控制。AT 指令在此基础上演化并被加入 GSM07.05 标准及 GSM07.07 标准。对 SMS 的控制共有 3 种实现途径：最初的 Block Mode；基于 AT 指令的 Text Mode；基于 AT 指令的 PDU Mode。目前 PDU Mode 已经取代 Block Mode，后者逐渐淡出市场。GSM 模块与计算机之间的通信协议是一些 AT 指令集，AT 指令是以 AT 为首、以字符结束的字符串，AT 指令的响应数据包在中间。每个指令执行成功与否都有相应的返回。其他一些非预期信息（如有人拨号进来、线路无信号等），模块也有对应的提示信息，接收端可进行相应的处理。

示例：CDMA modem DTE。

AT< CR>

< LF> OK < LF>

ATTEST< CR>

< CR> ERROR < LF>

如果 AT 指令执行成功，则返回“OK”字符串；

如果 AT 指令语法错误或 AT 指令执行失败，则返回“ERROR”字符串。

针对不同的设备有不同的 AT 指令集，这里介绍一款与常见的 ESP8266 WiFi 模块相配合的 AT 指令集。

ESP8266 本身就是一个 MCU，所以它有两种用途。

（1）当成一个普通的 WiFi 模块，用官方集成的 AT 指令集进行开发；

（2）当成一个集成了 WiFi 功能的 MCU，用安信可或其他平台提供的 SDK 进行深度开发。

由浅入深，我们总结一下常用 AT 指令的开发过程。

先连接好电路，注意将 GPIO0 脚悬空，用友善串口调试助手发送 AT 指令，设置波特率为 115 200 bps，设置好之后才可以进行正常通信。

下面列出常用的 AT 指令集：

AT+GMR -------------------查看版本信息。

AT+CWMODE=? --------------响应返回当前可支持哪种模式。

AT+CWMODE=《模式》---------------参数说明。

1 代表 Station 模式；2 代表 AP 模式；3 代表 AP 兼 Station 模式。

AT+CWJAP=《ssid》,《pwd》--------参数说明；

《ssid》串口参数，接入点名称；

《pwd》字符串参数，密码，最长 64 字节 ASCII 码。

AT+CIPSTART=? -----------设置 AT+CIPMUX=0；

+CIPSTART：(《类型》取值列表)，(《IP 地址》范围)，(《端口》范围)。

AT+CIPSERVER=《模式》,《端口》------参数说明；

《模式》0——关闭服务器模式；1——打开服务器模式。

《端口》端口号，最高限制 333。

AT+CIPSTO=《Time》------------------参数说明；

《Time》0～28 800 服务器超时时间，单位为 s。

AT+CIPMODE=《模式》-----------------参数说明；

《模式》0——非透明传输模式；1——透明传输模式。

ESP8266 指令集主要包括基础 AT 指令、WiFi 功能 AT 指令、TCP/IP 工具箱 AT 指令。

1）基础 AT 指令

（1）AT：测试 AT 启动，返回 OK。

（2）AT+RST：重启模块，返回 OK。

（3）AT+GMR：查看版本信息，返回 OK，为版本号。

2）WiFi 功能 AT 指令

（1）AT+CWMODE?：查询 WiFi 应用模式，返回+CWMODE：模式数字代码。

（2）AT+CWMODE=：设置 WiFi 应用模式，返回 OK；指令重启后生效。1 代表 Station 模式，2 代表 AP 模式，3 代表 AP+Station 兼容模式。注释，station：客户端，AP：服务器。

（3）AT+CWJAP?：查询当前选择的 AP，返回+CWJAP：OK。

（4）AT+CWJAP=“ssid”,“pwd”：加入 AP，返回 OK 或 ERROR。ssid：接入点名称。pwd：密码，最长 64 个字节 ASCII。

（5）AT+CWLAP：列出当前可用的 AP，返回+CWLAP：“ecn”，“ssid”，“rssi”，[“mode”]，OK/ERROR。ecn：0 代表 OPEN，1 代表 WEP，2 代表 WPA_PSK，3 代表 WPA2_PSK，4 代表 WPA_WPA2_PSK。ssid：接入点名称；rssi：信号强度；mode 可能为空参数。

（6）AT+CWQAP：退出与 AP 的连接，返回 OK。

（7）AT+CWSAP？：查询当前 AP 模式下的参数，返回+CWSAP：“ssid”，“pwd”，“chl”，“ecn”。

（8）AT+CWSAP=“ssid”,“pwd”,“chl”,“ecn”：设置 AP 参数，返回 OK/ERROR。ssid：接入点名称。pwd：密码，最长 64 字节 ASCII。chl：通道号。ecn：0 代表 OPEN，1 代表 WEP，2 代表 WPA_PSK，3 代表 WPA2_PSK，4 代表 WPA_WPA2_PSK。

（9）AT+CWLIF：查看已接收设备的 IP，返回 OK。

（注：（3）～（6）为工作站模式下的 AT 指令，（7）～（9）为 AP 模式下的 AT 指令）

3）TCP/IP 工具箱 AT 指令

（1）AT+CIPSTATUS：获得连接状态和连接参数。返回 ESP8266 接口的状态，不同接口状态的参数信息不同，详见 AT 指令集相关命令解释。

（2）建立单路连接：AT+CIPSTART=“type”，“addr”，“port”。建立 TCP 连接或注册 UDP 端口号，返回 OK/ERROR/ALREAY CONNECT。

（3）建立多路连接：AT+CIPSTART=“id”，“type”，“addr”，“port”。id：连接的 ID，0～4。类型：TCP/UDP。addr：远程服务器 IP 地址。端口：远程服务器端口号。

（4）设置单路连接：AT+CIPSEND=“length”。换行返回“>”，待数据长度满足要求时发送数据，执行完毕返回 ERROR/SENDOK。

（5）设置多路连接：AT+CIPSEND=“id”，“length”。id 用于传输连接的 ID 号。

（6）透明传输模式：AT+CIPSEND。收到此命令后先换行，返回“>”，然后进入透明传输模式，数据包以 20ms 间隔分开，每包最大 2048 字节。当输入单独一包“+++”时返回指令模式，该指令必须在开启透明传输模式及单连接模式下使用。

（7）关闭多路连接：AT+CIPCLOSE=“id”，返回 OK/ERROR。id：需要关闭的连接 ID，id=5 时关闭所有连接（开启服务器后 id=5 无效）。

（8）关闭单路连接：AT+CIPCLOSE=“n”，[“id”]。关闭 TCP/UDP，返回，OK/ERROR/unlink。

（9）AT+CIFSR：获取本地 IP 地址，返回+CIFSR：OK/ERROR，IP 地址为本机 IP 地址（站点），AP 模式无效。

（10）AT+CIPMUX=“mode”。启动多连接，返回 OK/Link 已建立。0 代表单路连接模式，1 代表多路连接模式。注意，只有在没有连接建立的情况下，才能设置连接模式。如果开启 TCP 服务器，必须将其关闭。

（11）AT+CIPSERVER=“n”，“port”。配置为服务器，成功返回 OK，关闭服务器 1 的则需要重启。0 代表关闭服务器模式，1 代表开启服务器模式。port：端口号，默认端口

333。备注：开启服务器后自动建立服务器监听，当有客户端接入后会自动按顺序占用一个连接，多连接模式下才能开启服务器。

（12）AT+CIPMODE：设置模块传输模式，返回确定/连接已建立。0 代表非透明传输模式，1 代表透明传输模式。

（13）AT+CIPSTO=：设置服务器超时时间，返回确定，服务器超时时间为 0～28 800，单位为 s。

ESP8266 是很有开发价值的芯片，值得深入学习和改造。当然，进行 AT 指令开发还需要一定的单片机基础，这里不再赘述。

1. ESP8266 使用 AT 指令开发示例

本示例为智能配网示例。

说明：使用两种方式（乐鑫 ESP-Touch 和微信 Airkiss）进行配网。

方式 1：ESP-Touch。

（1）AT+CWMODE_DEF=1。配置 WiFi 模块工作模式为单 STA 模式，并把配置保存在 Flash 中。

（2）AT+CWAUTOCONN=1。使能上电自动连接 AP。

（3）AT+CWSTARTSMART=3。支持 ESP-Touch 和 Airkiss 智能配网。

（4）手机连上需要配网的 AP，打开手机 App ESP-Touch，输入密码，单击“Confirm”按钮，等待配网成功，如图 6-22 所示。

图 6-22　等待配网成功

（5）AT+CWSTOPSMART。无论配网是否成功，都需要释放所占的内存。

（6）AT+CIPSTATUS。查询网络连接状态，如图 6-23 所示。

```
AT+GMR
AT version:1.1.0.0(May 11 2016 18:09:56)
SDK version:1.5.4(baaeaebb)
Ai-Thinker Technology Co. Ltd.
Jun 13 2016 11:29:20
OK
AT+CWMODE_DEF=1

OK
AT+CWAUTOCONN=1

OK
AT+CWSTARTSMART=3

OK
smartconfig type:ESPTOUCH
Smart get wifi info
ssid:CMCC-8107
password:
WIFI CONNECTED
WIFI GOT IP
smartconfig connected wifi
```

图 6-23　配网成功

方式 2：Airkiss。

（1）AT+CWMODE_DEF=1。配置 WiFi 模块工作模式为单 STA 模式，并把配置保存在 Flash 中。

（2）AT+CWAUTOCONN=1。使能上电自动连接 AP。

（3）AT+CWSTARTSMART=3。支持 ESP-Touch 和 Airkiss 智能配网。

（4）打开微信，关注微信公众号“安信可科技”，单击“WiFi 配置”，单击“开始配置”，输入密码，单击“连接”，如图 6-24 所示。

图 6-24　客户端配网

（5）AT+CWSTOPSMART。无论配网是否成功，都需要释放所占的内存。

（6）AT+CIPSTATUS。查询网络连接状态，如图 6-25 所示。

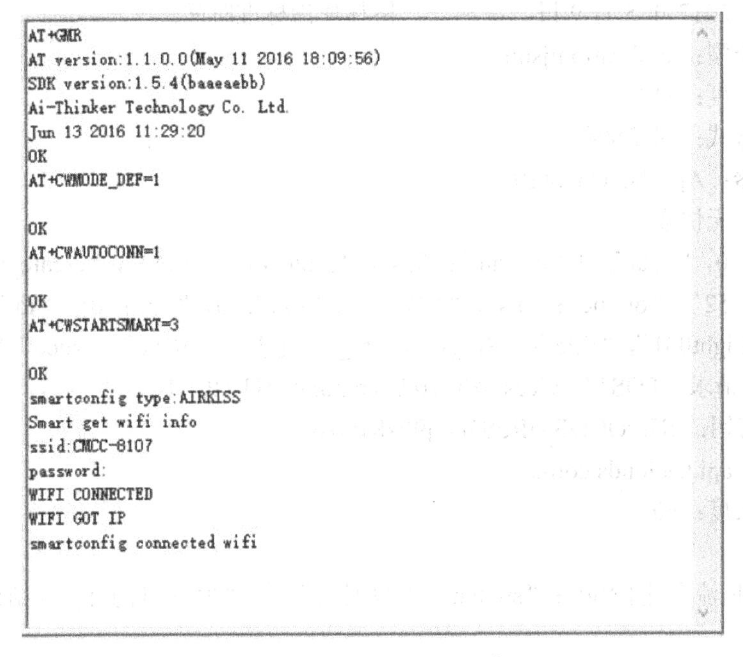

图 6-25　客户端配网成功

2. HTTP 通信示例

（1）AT+GMR：查询版本信息。

AT 版本：1.2.0.0（2016 年 7 月 1 日 20:04:45）。

SDK 版本：1.5.4.1（39cb9a32）。

艾思克科技有限公司，集成的 AiCloud 2.0 v0.0.0.5，版本：1.5.4.1（2017 年 3 月 24 日 11:06:56）。

（2）AT+CWMODE_DEF=1：配置 WiFi 模块工作模式为单 STA 模式，并把配置保存在 Flash 中。

（3）AT+CWJAP_DEF= “newifi_F8A0”，“anxinke123”：连接网络。

WiFi 已连接。

WIFI GOT IP。

（4）AT+CWAUTOCONN=1：使能上电自动连接 AP。

（5）AT+CIPSTART= “TCP”，“183.230.40.33”，80：连接服务器。

（6）AT+CIPMODE=1：设置透明传输。

（7）AT+CIPSEND：启动发送。

（8）GET 请求：GET/devices/5835707/HTTP/1.1。

API 密钥：xUrvOCDB=iRuS5noq9FsKrvoW=s=。

主机：api.heclouds.com。

\r\n\r\n（结束）。

回应：

HTTP/1.1 200 OK。

日期：2017 年 5 月 9 日，星期二，格林尼治标准时间。

内容类型：application/json。

内容长度：213。

连接方式：保持活跃。

伺服器：Apache-Coyote/1.1。

语法：无快取。

{“errno”：0，“data”：{“private”：false，“protocol”：“EDP”，“create_time”：“2017-05-06 12：51：52”，“online”：false，“位置”：{“lon”：0，“lat”：0}，“id”：“5835707”，“auth_info”：“Light001”，“title”：“SLight”，“tags”：[]}，“错误”：“succ”}

（9）POST 请求：POST/devices/5835707/datapoints HTTP/1.1。

API 密钥：xUrvOCDB=iRuS5noq9FsKrvoW=s=。

主机：api.heclouds.com。

内容长度：60。

\r\n。

{“数据流”：[{“id”：“switch”，“数据点”：[{“值”：1}]}}|（结束）

回应：

HTTP/1.1 200 OK。

日期：周二，2017 年 5 月 9 日 01:28:42 GMT。

内容类型：application/json。

内容长度：26。

连接方式：保持活跃。

伺服器：Apache-Coyote/1.1。

语法：无快取。

{“errno”：0，“error”：“succ”}

（10）+++：退出透明传输，不要重置新行（\r\n）。

3. STA+连接 TCP 服务器示例

（1）AT+CWMODE_DEF=1：工作在单工作站模式，设置参数并保存到 Flash。

（2）AT+CWJAP_DEF=“newifi_F8A0”，“anxinke123”：连接路由器，保存到 Flash。

（3）AT+CIPSTART=“TCP”，“192.168.99.217”，6001：连接 TCP 服务器，本示例用网络调试助手进行测试。

（4）AT+CIPSEND=5：发送指定数据长度的数据（Data：test1）。

（5）AT+CIPMODE=1：使用透明传输模式发送数据。

（6）AT+CIPSEND：发送数据（Data：Test2），如图 6-26 所示。

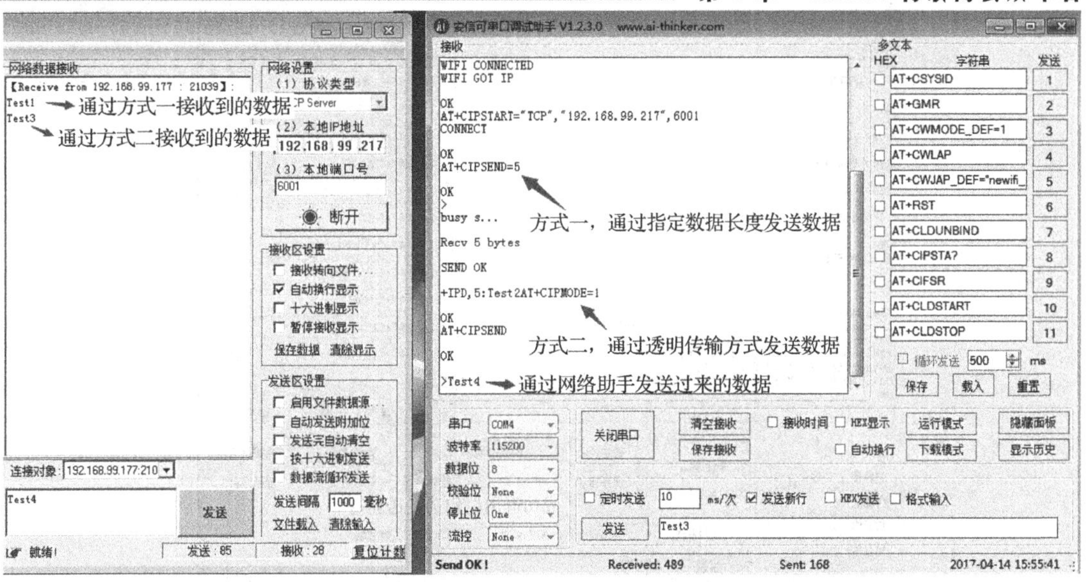

图 6-26　发送数据

（7）+++：退出透明传输。发送 3 个连续的+++，不要重置新行（\r\n），如图 6-27 所示。

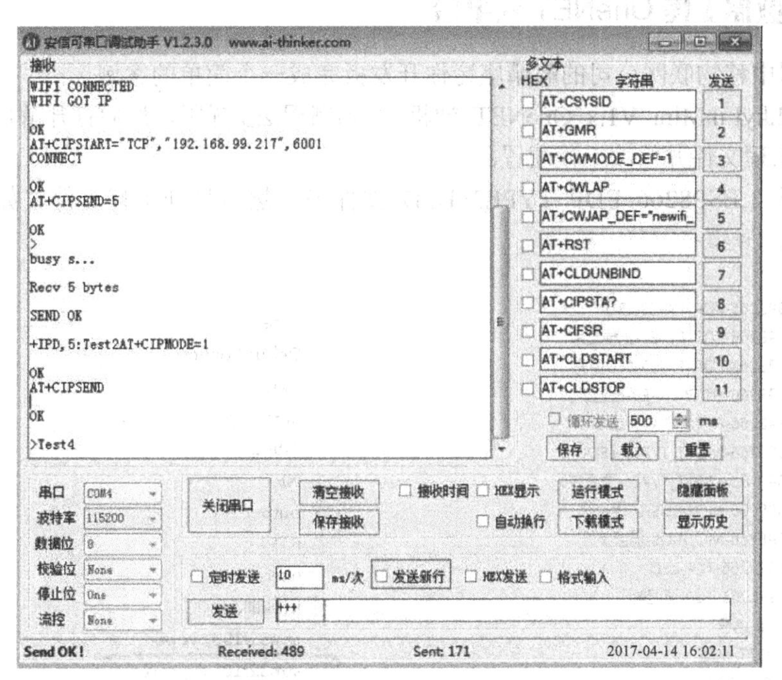

图 6-27　退出透明传输

（8）退出成功，即可发送 AT 指令。重新接收 AT 指令界面如图 6-28 所示。

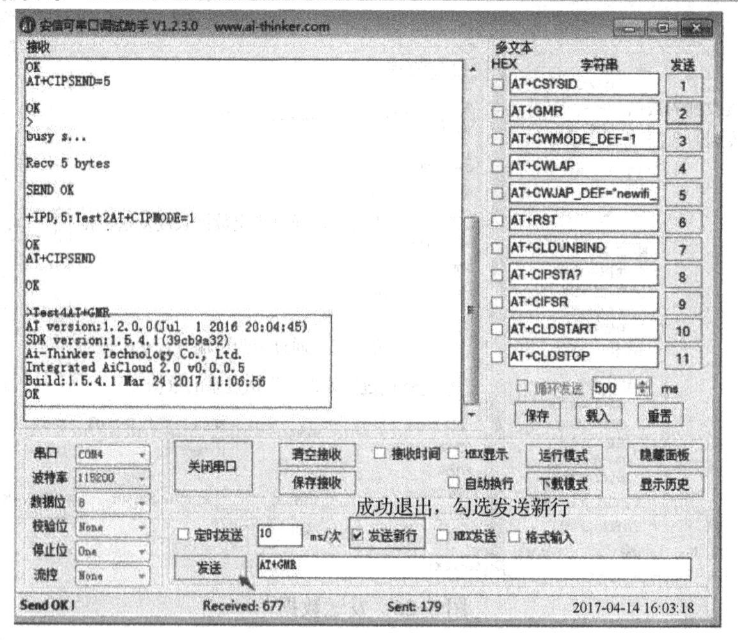

图 6-28 重新接收 AT 指令

6.3.2 数据上传 OneNET 云平台

下面使用中移物联网公司的麒麟座迷你开发板完成一个简单的案例。

首先将 2.kyLinMini-V1.x-OneNET-**机-基础例程.zip 解压，然后打开解压的文件夹。用 Keil 打开工程文件并修改工程配置。

（1）打开 1.ESP8266-EDP_TYPE3-LED 文件夹，然后打开工程文件，如图 6-29 和图 6-30 所示。

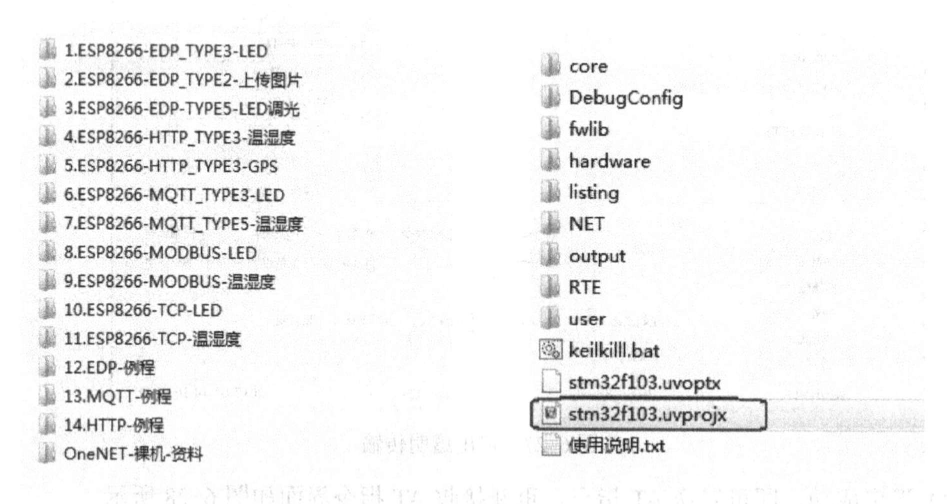

图 6-29 开发板例程树

图 6-30 使用 Keil 打开开发板例程

（2）打开工程之后，按如图 6-31～图 6-34 所示的流程配置工程文件。要注意的是，根据开发板的 STM32 是 C8T6 还是 CBT6 来选择。

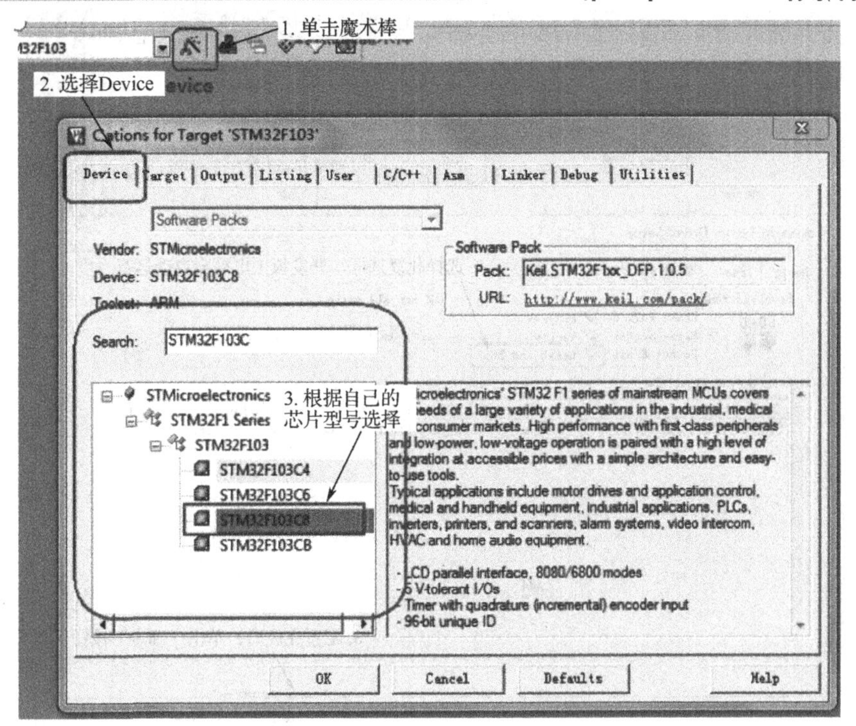

图 6-31　选择微控制器型号

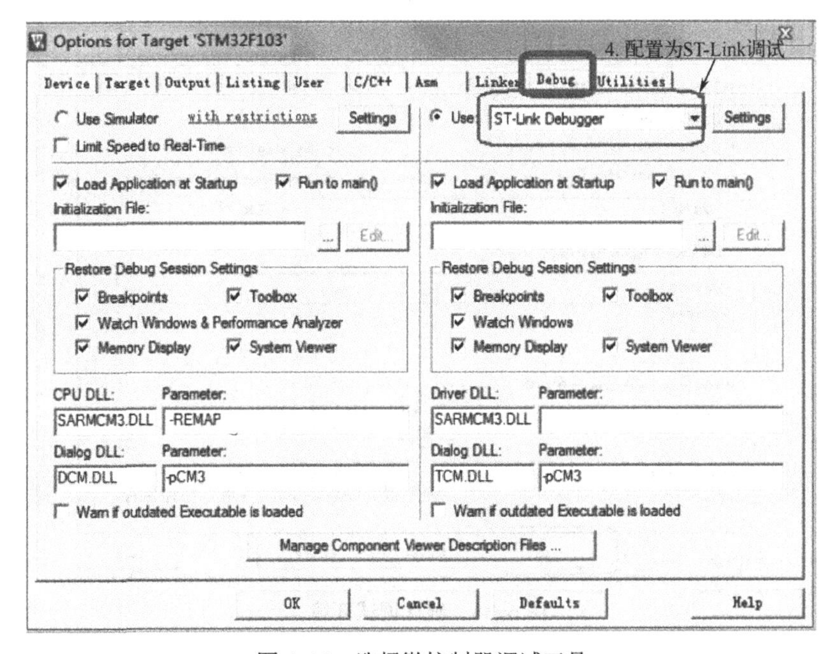

图 6-32　选择微控制器调试工具

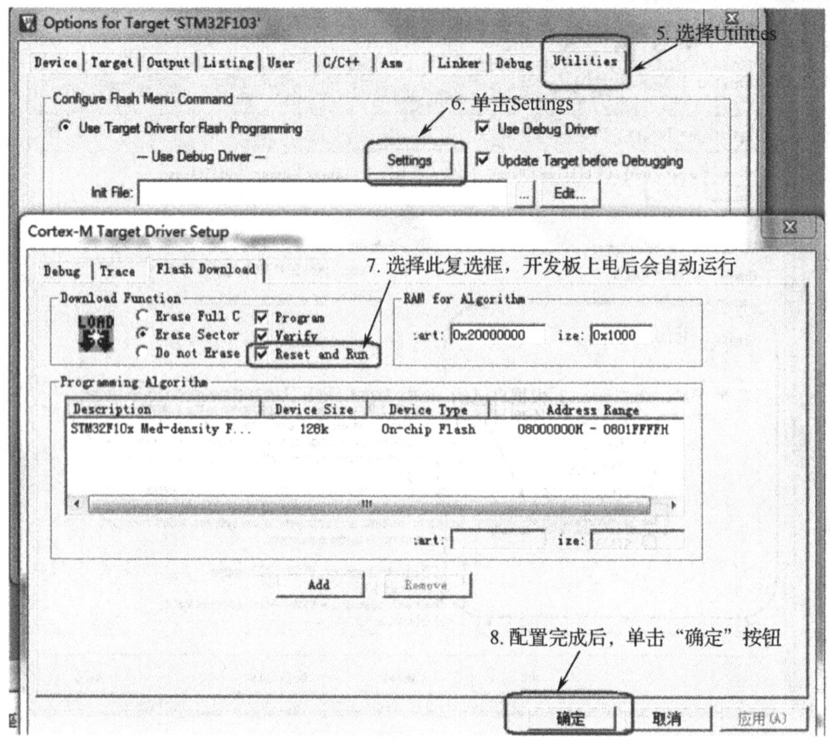

图 6-33　设置调试参数

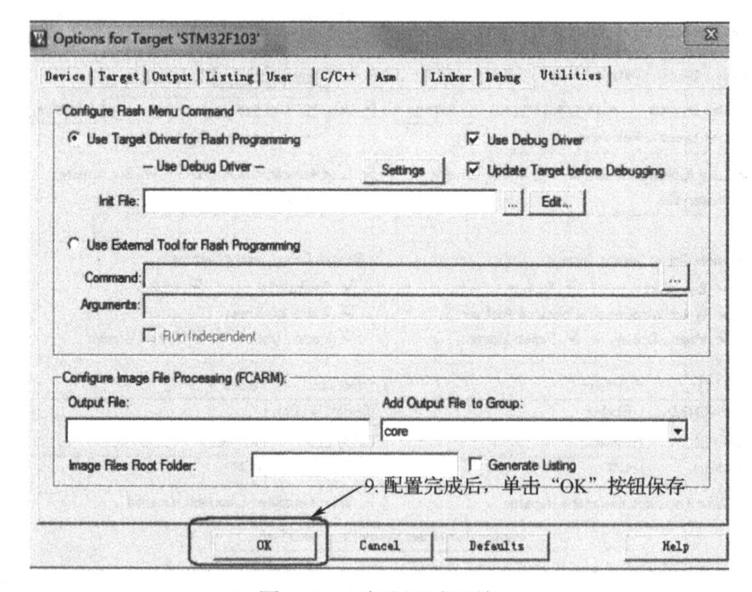

图 6-34　确认调试环境

6.3.3　创建 EDP 产品和设备

（1）创建一个 EDP 协议产品。

（2）添加设备。可以使用立即添加设备的方法，也可以在设备列表中进行添加，如图 6-35 和图 6-36 所示。

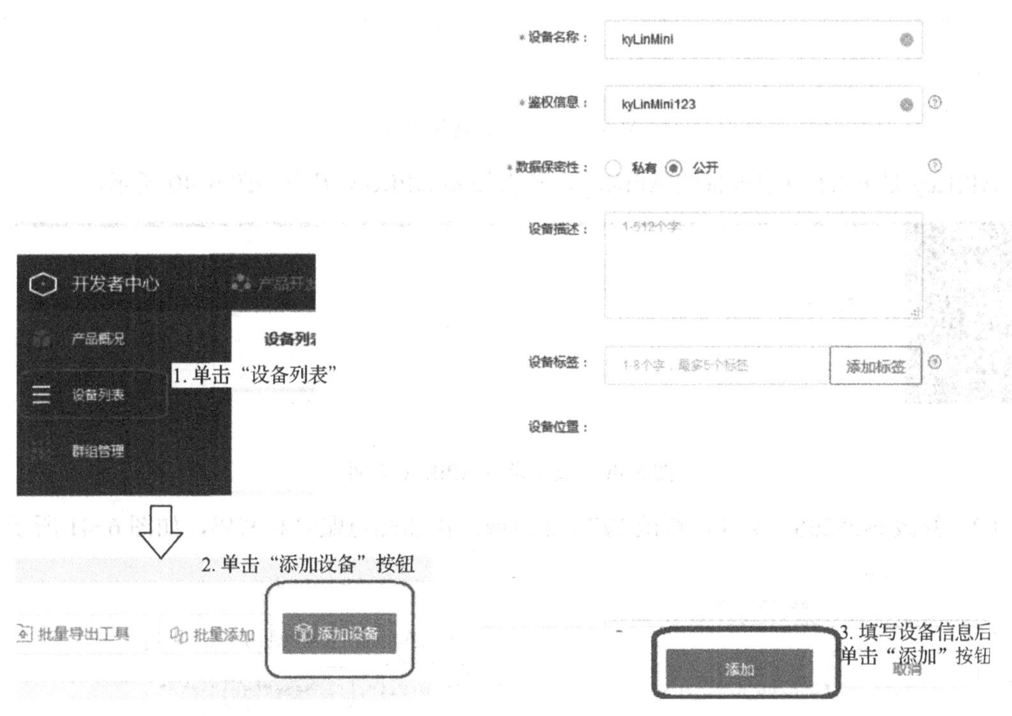

图 6-35　在产品中添加设备　　　　图 6-36　确认添加设备

（3）添加成功后，在设备列表中显示有如图 6-37 所示的设备生成。

设备ID	设备名称
525541094	kyLinMini

图 6-37　生成的设备

6.3.4　修改 onenet.c 和 esp8266.c，重新编译程序和下载

（1）修改 onenet.c 文件，修改图 6-38 所示的两个地方：DEVID 和 APIKEY。

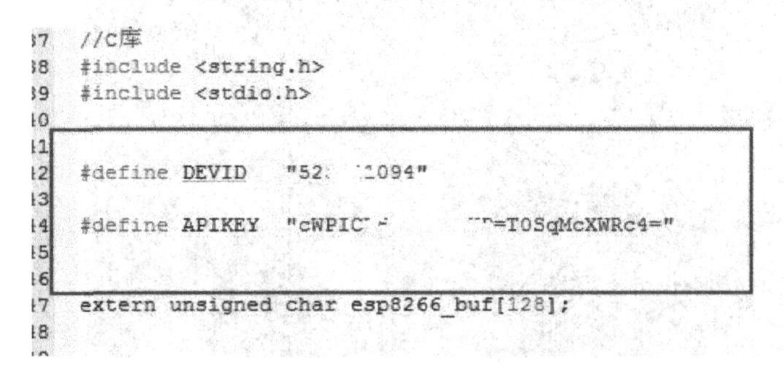

```
//C库
#include <string.h>
#include <stdio.h>

#define DEVID   "52.  1094"

#define APIKEY  "cWPIC -      =TOSqMcXWRc4="

extern unsigned char esp8266_buf[128];
```

图 6-38　生成添加设备对码

DEVID 是 6.3.3 节创建的设备 ID，查看设备码界面如图 6-39 所示。

图 6-39　查看设备码界面

APIKey 是 6.3.3 节中设备的 APIKey，查看设备 APIKey 界面如图 6-40 所示。

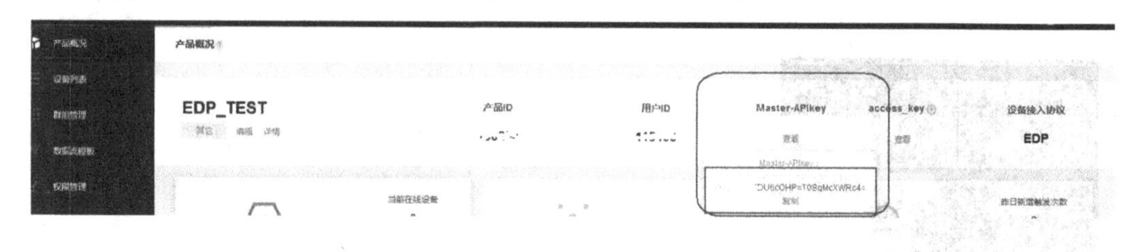

图 6-40　查看设备 APIKey 界面

（2）修改 esp8266.c 文件，修改 WiFi 热点或路由器热点账号和密码，如图 6-41 所示。

```
//C库
#include <string.h>
#include <stdio.h>
                                           改为你自己的账号和密码

#define ESP8266_WIFI_INFO       "AT+CWJAP=\"MYWiFi\",\"1234567890\"\r\n"

#define ESP8266_ONENET_INFO     "AT+CIPSTART=\"TCP\",\"183.230.40.39\",876\r\n"


unsigned char esp8266_buf[128];
unsigned short esp8266_cnt = 0, esp8266_cntPre = 0;
```

图 6-41　设置 WiFi 信息界面

MYWiFi 是 WiFi 或路由器热点的账号。

1234567890 是 WiFi 或路由器热点的密码。

（3）完成以上修改之后，重新编译程序，然后下载，通过 PC 端串口调试助手的连接串口 1 可以看到如图 6-42 所示的信息。

```
Hardware init OK
1. AT
2. CWMODE
3. CWJAP
4. CIPSTART
5. ESP8266 Init OK
OneNet_DevLink
DEVID: 525541094,      APIKEY: cWPICK6PDU6cOHP=TOSqMcXWRc4=
Tips:    连接成功
OneNet_SendData
Tips:    OneNet_SendData-EDP
Send 74 Bytes
OneNet_SendData
Tips:    OneNet_SendData-EDP
Send 74 Bytes
OneNet_SendData
Tips:    OneNet_SendData-EDP
Send 74 Bytes
OneNet_SendData
Tips:    OneNet_SendData-EDP
Send 74 Bytes
OneNet_SendData
```

图 6-42　设备连接 OneNET 平台信息

设备连接成功后，查看设备状态如图 6-43 所示。

设备ID	设备名称	设备状态	最后在线时间
525541094	kyLinMini	在线	2019-05-06 18:44:11

图 6-43　设备状态

查看数据流，如图 6-44 所示。

图 6-44　查看数据流

6.3.5　创建应用

（1）创建 Web 轻应用，如图 6-45 所示。

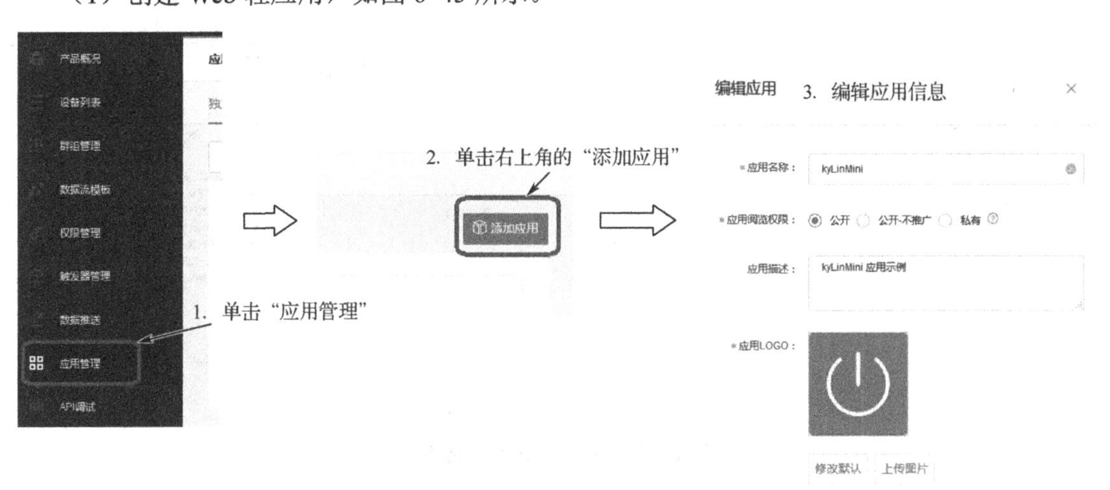

图 6-45　创建 Web 轻应用

（2）完成应用添加之后，开始编辑应用信息。

单击图标，再单击“编辑应用”，如图 6-46 所示。

图 6-46　编辑应用

单击图 6-47 所示界面左边的开关图标，分别创建 4 个开关应用，用于控制红灯、绿灯、黄灯和蓝灯。

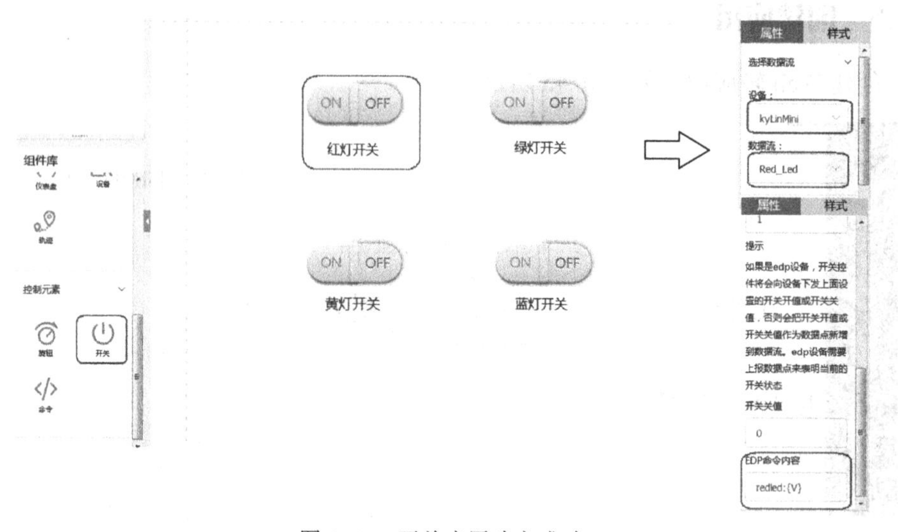

图 6-47　开关应用建立成功

对于红灯：单击创建好的开关应用，然后在右侧编辑信息，设备选择已创建的设备 kyLinMini，数据流选择 Red_Led，EDP 命令内容为 redled:{V}。

对于绿灯：单击创建好的开关应用，然后在右侧编辑信息，设备选择已创建的设备 kyLinMini，数据流选择 Green_Led，EDP 命令内容为 greenled:{V}。

对于黄灯：单击创建好的开关应用，然后在右侧编辑信息，设备选择已创建的设备 kyLinMini，数据流选择 Yellow_Led，EDP 命令内容为 yellowled:{V}。

对于蓝灯：单击这个创建好的开关应用，然后在右侧编辑信息，设备选择已创建的设备 kyLinMini，数据流选择 Blue_Led，EDP 命令内容为 blueled:{V}。

6.3.6　控制 LED 灯

（1）控制 LED 灯亮。

编辑好应用之后单击“保存”按钮，然后单击“预览”按钮，分别单击 4 个开关的 ON 按钮，就可以控制 LED 灯亮了，同时串口打印了命令信息，如图 6-48 所示。

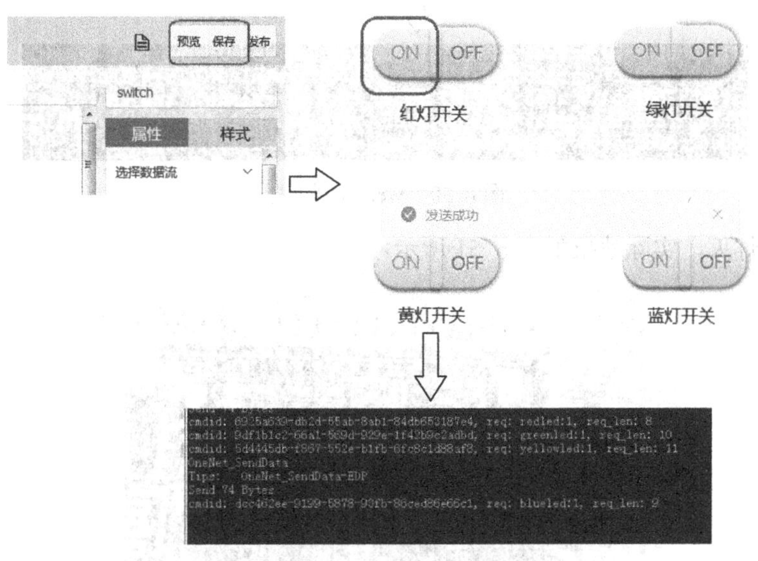

图 6-48　Web 控制开灯

24 个 LED 灯亮，实际效果如图 6-49 所示。

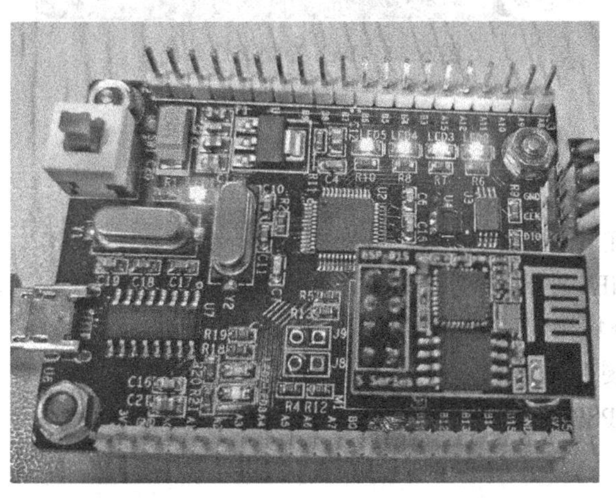

图 6-49　Web 控制开灯后实际效果

（2）控制 LED 灯灭。

分别单击 4 个开关的 OFF 按钮，就可以控制 LED 灯灭了，同时串口打印了命令信息，如图 6-50 所示。

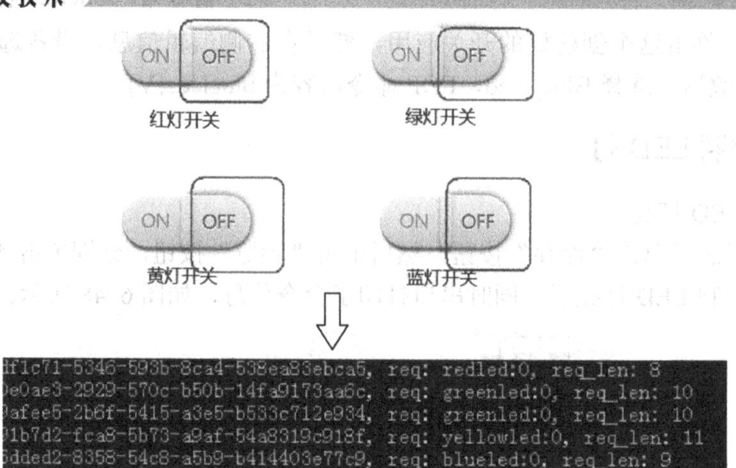

图 6-50　Web 控制灭灯

4 个 LED 灯灭，实际效果如图 6-51 所示。

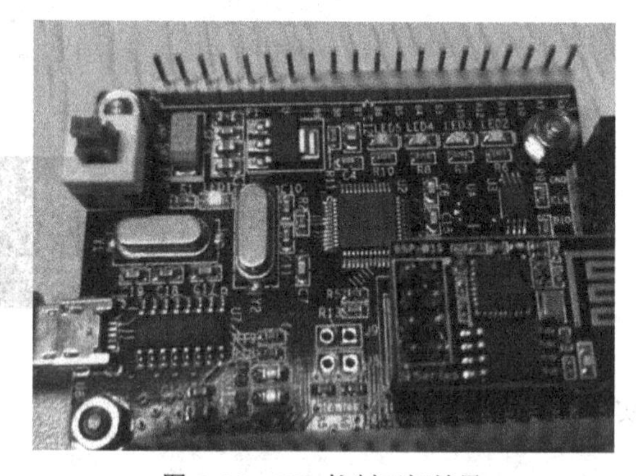

图 6-51　Web 控制灭灯效果

练习题 6

（1）简述 OneNET 使用规则及功能模块。

（2）简述在 OneNET 平台上建立 Web 轻应用的过程。

（3）使用 AT 指令集操作 ESP8266 建立透明传输过程。

（4）如何在没有硬件的条件下调试 Web 轻应用？

（5）如何使用 ESP8266 上传数据到 OneNET 云平台？